黄 和 李 宾 杨建辉 著

微生物有点意思

酵母与酒神：微观世界里的酿酒大师

南京师范大学出版社

图书在版编目（CIP）数据

微生物有点意思 / 黄和，李宾，杨建辉著．-- 南京：南京师范大学出版社，2024. 11.（2025. 5 重印）-- ISBN 978-7-5651-6617-4

Ⅰ. Q93-49

中国国家版本馆 CIP 数据核字第 2024WJ9514 号

中国国家版本馆 CIP 数据核字第 2024WJ9514 号

书　　名　微生物有点意思
著　　者　黄　和　李　宾　杨建辉
顾　　问　刘　淼　林　锋　沈才洪　何　诚　张宿义　赵丙坤　杨　平
策划编辑　晏　娟　官军燕
责任编辑　晏　娟　官军燕
出版发行　南京师范大学出版社
地　　址　江苏省南京市玄武区后宰门西村 9 号（邮编：210016）
电　　话　（025）83598919（总编办）83598412（营销部）83598009（邮购部）
网　　址　http://press.njnu.edu.cn
电子信箱　nspzbb@njnu.edu.cn
排　　版　南京市观止堂文化发展中心
漫画支持　意趣美术
印　　刷　南京新世纪联盟印务有限公司
开　　本　889 毫米 ×1230 毫米　1 / 32
印　　张　9.875
字　　数　214 千
版　　次　2024 年 11 月第 1 版
印　　次　2025 年 5 月第 2 次印刷
书　　号　ISBN 978-7-5651-6617-4
定　　价　78.00 元

出 版 人　张　鹏

《微生物有点意思》团队介绍

黄和

中国工程院院士

南京师范大学副校长

教授、博士生导师

长期从事微生物领域的研究工作

国家杰出青年科学基金获得者

国家科技创新领军人才等

获国家技术发明奖二等奖两项

何梁何利基金科学与技术青年创新奖

以及教育部、江苏省等多项省部级奖励

获国务院政府特殊津贴专家

全国优秀科技工作者等荣誉

李宾

酒事不明问宾哥

杨建辉

能写能画的书呆子

孟伶通

创新药物的夜晚梦想家

宋萍

微生物发酵的安全家

朱赢椿

飞鸟与小虫的老朋友

操沁燕

陪鼠喝酒的鼠鼠公主

高扬

一杯就倒前酒侠

肖宇阳

宇宙一级潜在美酒鉴定家

张岚

爱喝酒的蓝胖子

付寒

“酒重人格”文字艺术家

序言

五味四季——隐形的“厨神”与“酒神”

王者以民为天，而民以食为天。历来解决老百姓的吃饭问题都是最紧要的问题，也是安定人心的重要工作。一个家庭是，一个国家更是。饮食文化是中华传统文化的重要组成部分，从茹毛饮血到欢煮熟食，再到佳肴美馔，中国人的餐桌见证了上下五千年的饮食革命和文化流变。到现在，吃饭已经不仅仅是为了果腹与生存，更成为一种生活方式的集中表达，处处流露着生活智慧。

中国，这片辽阔的土地，孕育了无数美丽的风景。从高山到河流，从森林到草原，每一个角落都散发着独特的魅力。然而，最让我印象深刻还是那多滋多味的四方美食。中国的美食，如同其地域一样，丰富多彩，东、西、南、北，每个方位都有其独特的味道，让人回味无穷。

在东北的漫长冬季里，新鲜的蔬菜难以生长，为了在寒冷的季

节里也能享受到美食的滋味，东北人民发明了酸菜。酸菜的制作过程并不复杂，将大白菜洗净，切成细丝，再加入盐、醋等调料，密封在坛子里，经过一段时间的发酵后，大白菜便变成了酸菜。作为食品发酵领域的研究学者，我深知这样的美味与看不见的微生物密不可分。乳酸菌是酸菜制作过程中最重要的微生物之一，它通过乳酸发酵将大白菜中的糖分转化为乳酸，赋予酸菜独特的酸味和口感。同时，乳酸菌还能产生一些有机酸和氨基酸，进一步丰富酸菜的口感和营养价值。因此，品质优良、风味独特的东北酸菜离不开微生物的作用。

在安徽的街头巷尾，随处可见毛豆腐的身影。它以独特的口感和风味，吸引了无数游客前来品尝。在街头遇到走街串巷的货郎，一头挑干柴，一头挑毛豆腐，浇上香油，淋上辣椒糊，人们就着油锅边吃边聊，既鲜美可口，又独具风味。毛豆腐表面长有寸许白色毛毛，这些毛毛并不是防腐剂，而是一种叫作毛霉菌的菌丝，这些毛霉菌可以将蛋白质分解成氨基酸和多肽，这也是毛豆腐鲜美味道的来源。

据说在广东人的眼里，所有广东以北的地方，都算“北方”，而几乎所有的“北方人”，都无法理解广东人对酱油的情有独钟。“唔够味啊？”“落豉油咯！”到了广东，酱油又被唤作“豉油”，豉油的品质也有高下之别。黄豆经过漫长时间的发酵后，第一道提炼

出来的豉油叫“头抽”，最为香醇浓郁，是广东人中意的味道；而“头抽”又有“先拔头筹”的寓意，在讲究吉利的广东人眼里就显得更是珍贵。

酱油与微生物之间就这样演绎着一段曲折而美好的故事。首先，曲霉和毛霉等真菌在酿造过程中将大豆和小麦中的蛋白质和淀粉分解成氨基酸和糖分，这个过程是微生物与原料的完美结合。经过一段时间的发酵，原料中的糖分被转化为酒精和有机酸，进而得到生抽。然而，这还不是终点。在此基础上，通过加热、浓缩、调配等工艺，生抽可以进一步加工成各种不同风味的酱油。这个过程中，酵母菌会将酒精进一步发酵成乙酸和二氧化碳，赋予酱油独特的酸味和口感。

杜甫诗云：“东望少城花满烟，百花高楼更可怜。谁能载酒开金盏，唤取佳人舞绣筵。”他所赞叹的是四川一带的繁花似锦，酒楼林立，饮宴兴盛。有了美食，怎能少了美酒。有了美酒，又怎会少了诗酒唱和。美食讲究色香味俱全，殊不知美酒亦然。晶莹剔透的琼浆中，尽含酸甜苦辣。置身于泸州老窖的酿酒车间，一股浓郁的酒香扑鼻而来。那是一种混合着泥土、谷物和酵母的芬芳，是历经岁月沉淀的甘甜与醇厚。酿酒师傅们身着古朴的服饰，在古老的窖池边忙碌着，他们的双手如同历史的见证者，见证着泸州老窖从原料选取到酿造出炉的每一个细节。

然而，百年窖泥中那些看不见的微生物才是真正的“酒神”。

因此，可以说是这些隐形的“酒神”成就了中国的美酒。选料、制曲、发酵、蒸馏、陈酿、勾兑，在整个酿造过程中，微生物都是不可或缺的角色。这些微生物主要包括细菌，酵母和霉菌等真菌，它们互相协作，完成流水线式的美酒酿造。首先，霉菌分解粮食中的纤维素、淀粉等，生产出可以被其他微生物（酵母和细菌等）轻松利用的营养物质。随后，酵母能够将糖分转化为酒精和二氧化碳，细菌可以将糖分转换为酒精和酸类物质。最后，酒精和酸类物质可以合成各色酯类物质，为酒的风味口感和香气增添了丰富的层次感。

中国的美酒有川酒、黔酒、晋酒、苏酒、鲁酒等几大流派。这些流派的形成，与各地的自然环境、气候条件以及历史人文密切相关。川酒，以四川地区为代表，其酿造历史悠久，工艺独特。四川地区气候温和，湿度较大，有利于微生物的生长繁殖，因此川酒具有醇香浓郁、口感丰满的特点，例如泸州老窖、五粮液等知名品牌。黔酒，以贵州地区为代表，其酿造工艺与川酒相似，但也有其独特之处。贵州地区气候湿润，植被茂盛，微生物资源丰富，因此黔酒具有芳香浓郁、口感醇厚的特色，例如茅台、习酒等品牌。晋酒，以山西地区为代表，其酿造历史悠久，工艺精湛。山西地区气候干燥，雨水较少，冬季寒冷，微生物的生长繁殖相对弱于南方，因此晋酒具有清香纯正、口感柔和的特点，例如汾酒、杏花村等品牌。苏酒，以江苏地区为代表，其酿造历史悠久，工艺精湛。江苏地区气候温和湿润，水域面积广阔，因此苏酒具有酒香醇正、口感绵柔的特点，例如洋河大曲等品牌。在不同的温度和湿度条件下，微生物们会产

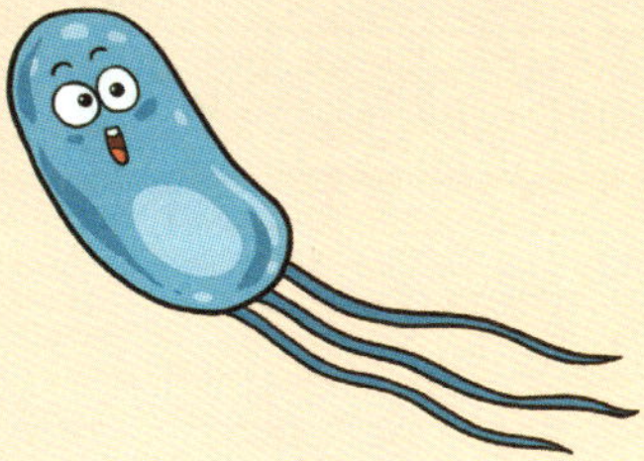

生不同的代谢产物，从而影响酒的口感和香气。

为了更好地让广大读者生动有趣地了解微生物这一既不常见又随处可见的“酒神”，泸州老窖－南京师范大学科创中心的文创团队精心编写了这本《微生物有点意思》，从分类学、形态学、生态特性、生理特征等方面，详细介绍了微生物，尤其是酿酒微生物的基本知识和作用。通过阅读本书，读者可以全面了解酿酒微生物的相关知识，从而更好地欣赏各类美酒佳肴。

本书的特点在于其具有深入浅出的科普风格，以通俗易懂的语言解释了酿酒微生物在自然界、在生活中、在酿酒过程中的作用，同时通过大量的实例和图片，帮助读者更好地理解和掌握这些知识。希望通过阅读本书，广大读者能更加深入地了解酿酒微生物的奥秘。

让我们一起探索这个神奇的微观世界，感受微生物的魅力与力量！并同时向那些通过自己夜以继日的“发酵”劳作，为人类酿造美酒的隐姓埋名的酿酒大师们致以最崇高的敬意！

是为序！

黄和

2024 年 10 月 9 日

目录

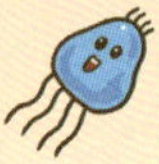

01

微生物简史

三分钟
读懂微生物（上）

很久以前，有这样一个问题：

世界上最古老的生物是啥？

地球诞生至今约有 46 亿年，假如把它的年龄看作一年，人类大概在 12 月 31 日晚上 7 点诞生，那微生物呢？大概是 30 多亿年前诞生。

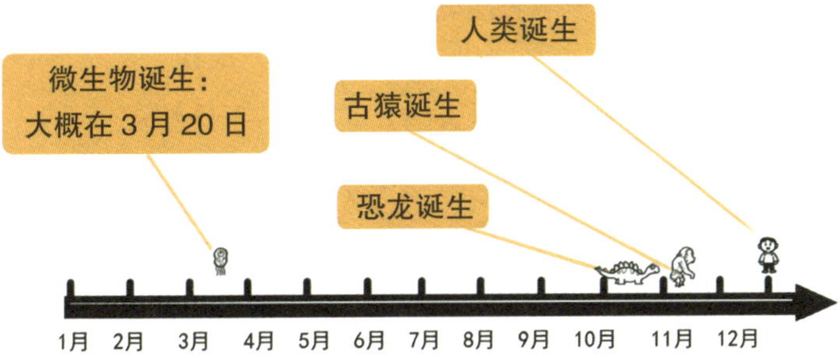

是不是超出了你的认知范畴？

没关系，咱接着聊。

之所以叫“微生物”，主要是因为它很小，小到什么程度？

举个例子：一头牛身上就有 50 亿个细菌。

除了小，微生物还有不少特点。

为了方便了解，可以将它归纳成五点。

case 1 体积小 面积大

微生物本身极其微小，必须在显微镜下放大几百倍、上千倍甚至数万倍才能看得见。

举个例子：

再比如：

有一点数学基础的都知道，把一个物体分割得越小，它的体积不变，总表面积却会越大。

体积不变

总表面积变大

如果把人的表面积值定为 1，则同等体积的大肠杆菌的表面积高达 30 万！

case 2 吸收多　转化快

由于表面积大，也就是与外界环境的接触面大，所以微生物是“大胃王”一样的存在。

在适合条件下，大肠杆菌每小时可以消耗自身重量2 000倍的糖，对于同样的事，人类得花40年。

case 3 生长旺　繁殖快

相比于大型生物，微生物生长快，繁殖更快，是名副其实的“超生”啊！

到底有多快？

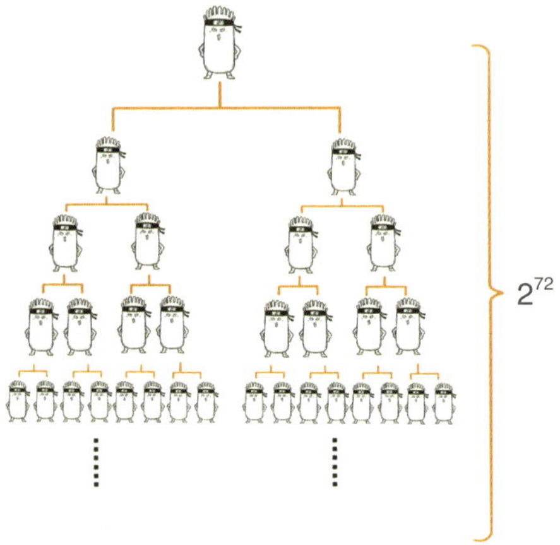

它们 1 小时分裂 3 次，1 天就分裂 24 × 3=72 次，一天就产生 2 的 72 次方个，大概 4722366500 万亿个。

case 4 适应强 变异频

经过不断进化，头铁命硬的微生物能在各种环境下生存。

即便在海底“热泉”附近，水温达 250 ℃，甚至 300 ℃的高温条件下，某些硫细菌依然活得很滋润。

case 5 分布广　种类多

微生物无处不在，无孔不入，上至大气圈，下至土壤圈。

咱们常见的土壤里，每克土壤约含有 20 亿个微生物，即使是贫瘠的土壤，每克都含有 3 亿 ~5 亿个微生物。

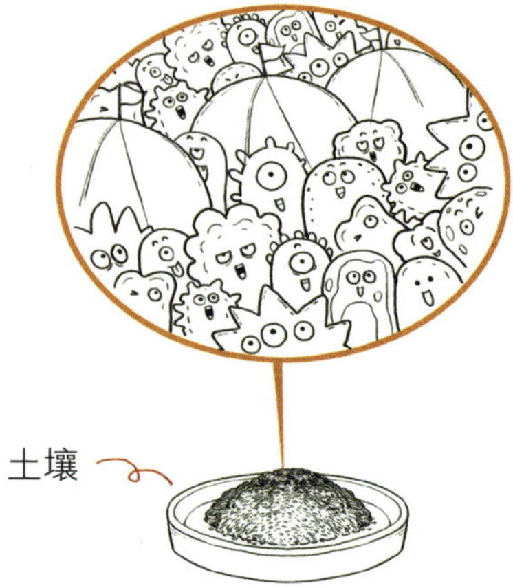

就连我们的口腔，甚至胃肠道，都是微生物的根据地。

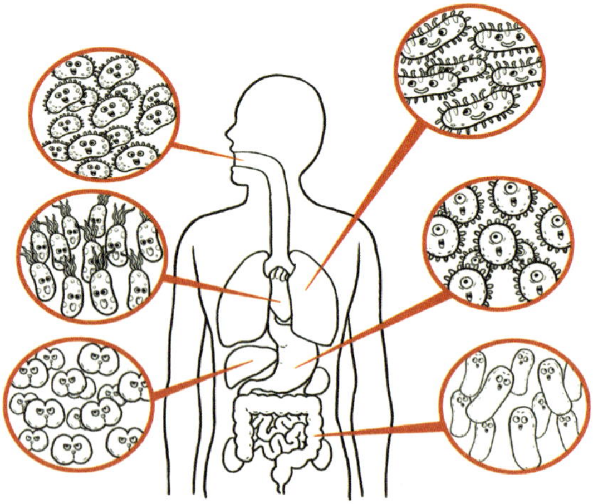

那么问题来了，既然肉眼看不到微生物，那当初微生物是怎么被发现的？微生物学又是怎么来的？

case 1 史前时期

其实微生物在被发现之前，就早早地运用到了很多行业中。如:

1. 酿造行业

不仅酿酒，其他酿造业都在用。

2. 种植业

作物连作，容易导致根部和土壤的微生物单一，甚至失衡，造成有益菌减少，病原菌积累、增多等问题。凭着丰富的生活阅历，古人发明了轮作和间作。

轮作

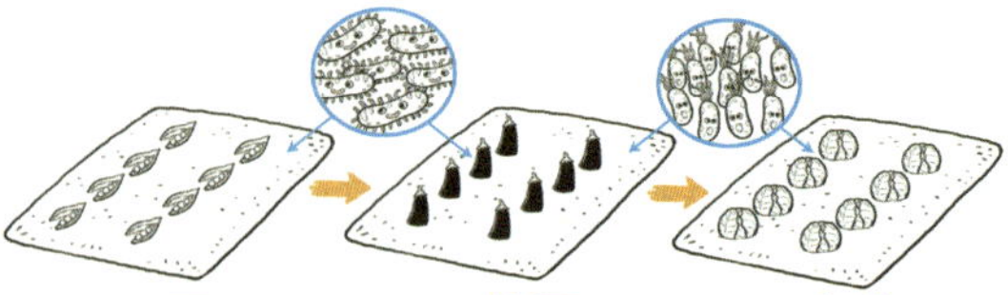

豆子　茄子　白菜

间作

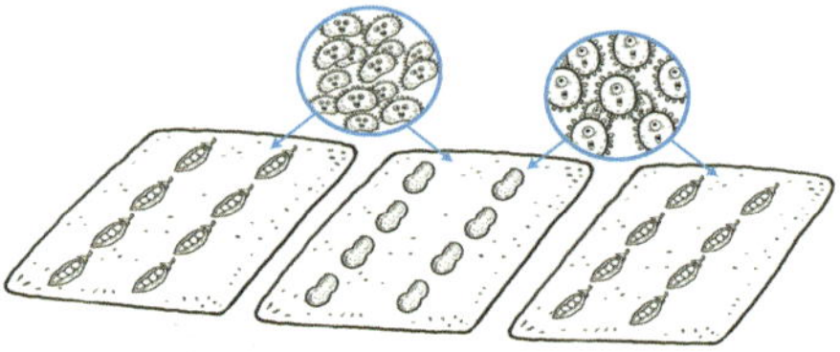

豆子　花生　豆子

轮作和间作，可以平衡土壤微生物的种群，改良土壤的物理、化学、生物性。古人尝到了微生物带来的甜头！

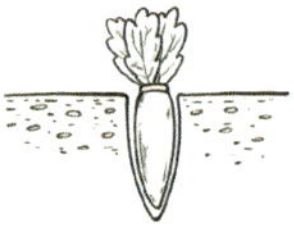

改善土壤

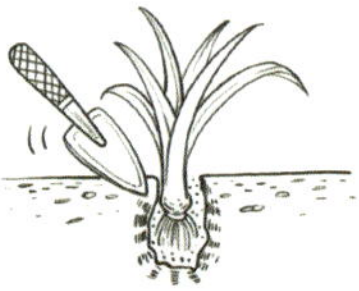

防治草害

防治病虫害

保护水土

补充养分

3. 医疗业

早在公元 10 世纪，古人就发明了种痘免疫法。

别看这些实践很多，但始终没有上升到理论层面。

所以，这段时期都被统称为“微生物学史前时期”。

case 2 创始时期——显微技术

把微生物从神学范畴上升到科学范畴的，还得靠这群人：

他们都是所属时代的代表人物，他们的成就，咱们一个个介绍。

17 世纪 80 年代以前，人们是这样认识微生物的：

小贴士

列文虎克，荷兰贸易家与科学家，有“光学显微镜之父”的称号，最著名的成就之一是改进了显微镜以及建立了微生物学。

微生物很小，很难被肉眼发现。

咱先来看看显微镜的结构。

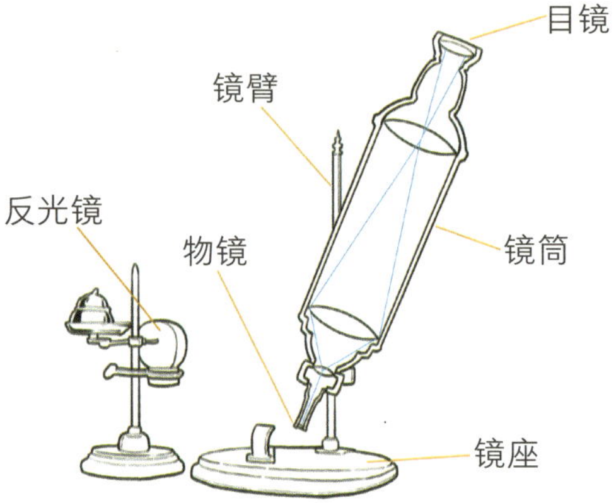

显微镜的发明，一下子把微生物的形态放大 160 倍。

就这样，列文虎克发现了许多“活的小动物”。微生物也就此走进了我们的视野。

很快，列文虎克就发表了这一“自然界的秘密”。

这是首次对微生物的观察和记载，我们称这一时期为微生物学的创始时期。

可惜的是，在之后一百多年时间内，针对微生物的研究却停滞不前。

case 3 无菌操作技术

显微镜虽然放大了微生物，但没有让微生物学成为显学，直到19世纪60年代初，另一位科学家出现。

在一次实验中，巴斯德发现装有酵母的汤瓶里没有微生物生长。

但是旧派学者并不买他的账。

于是，巴斯德又改进方案。

三天过后，第一个烧瓶里就出现了微生物，第二个烧瓶里却没有。

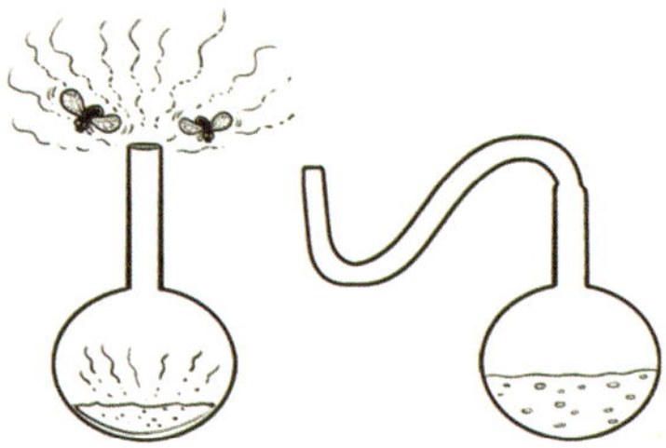

出现微生物　　没有出现微生物

这是为什么呢？

原来曲颈瓶虽然与空气相通，但瓶颈弯曲，空气中的微生物滞留在弯曲处，无法进入肉汤中。

这一实验证明了一个事实：

于是，在这个理论下，巴斯德发明了巴氏消毒法。

巴氏消毒法

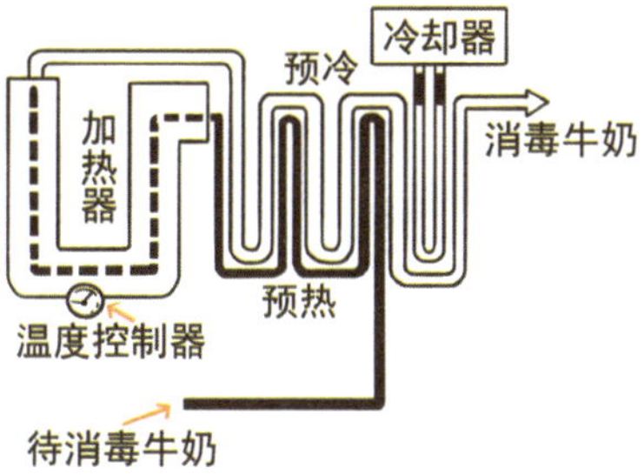

小贴士

巴氏消毒法是在规定时间内利用热水作为介质，在较低温度（60~82℃）下对食品进行加热处理，来杀死微生物。这是一种既能达到消毒目的又不损害食品品质的方法。

在巴斯德的带动下，微生物学成了风口。

case 4 纯种培养技术

微生物和人类一样，喜欢杂居。要想单独研究它们，就需要将它们分离出来。

真正解决纯种培养技术的是一名德国医生——科赫。

科赫改进了固体培养基的配方，发明了倾皿法进行纯种分离。

小贴士

纯种培养最开始用的是明胶，由于明胶在 37 ℃就容易融化，后来又换成了琼脂，其呈圆形且有边缘，能避免污染杂菌。直到现在，这些分离设备都还是微生物实验室的必备物品。

此外，他还带来了不少新技术。

染色技术

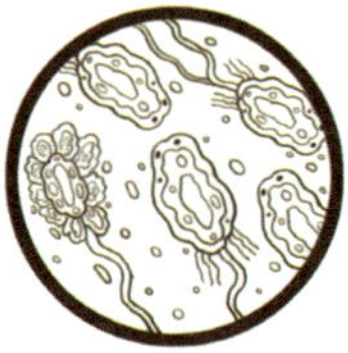
显微摄影技术

悬滴培养法

通过实验，他确证了炭疽病、结核病和霍乱等一系列严重传染疾病的病原体。

巴斯德和科赫被称为微生物学的奠基人。

case 5 分子生物学技术

在生物遗传学领域真正取得成功的是沃森和克里克。

随着科学技术的不断进步，微生物学进入成熟时期，也进一步细分出不同类型的研究领域。

不同生理类型的微生物的各种代谢途径和调控、能量产生和转换的研究

微生物大分子的结构和功能研究

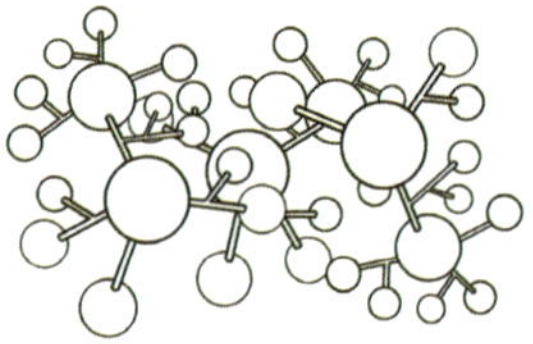

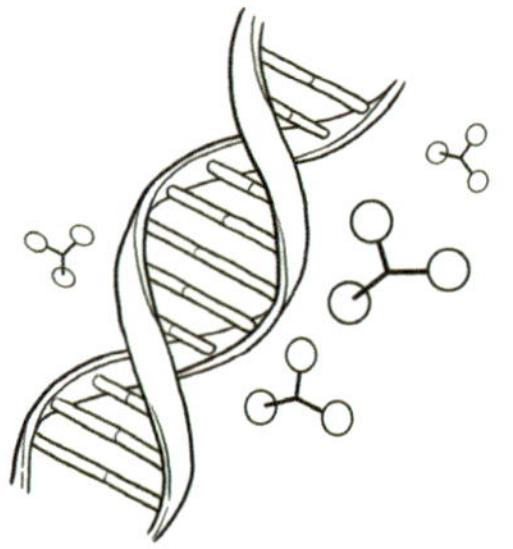

微生物的形态构建和分化，病毒的装配以及微生物的进化、分类和鉴定等的研究

近年来，这些研究使微生物学进入一个崭新的时期。

02

千奇百怪的微生物

三分钟
读懂微生物（中）

关于微生物，今天咱们接着聊……

前面聊到微生物种类丰富多样，形状千奇百怪。

但光从形状上看，仍不太好分辨不同种类的微生物。所以，科学家们根据其内部结构特点，将其分为这样几类。

细菌：
原核细胞型微生物

真菌：
真核细胞型微生物

病毒：
非细胞型微生物

小贴士

除此，微生物大家庭还包括一些小型原生生物、显微藻类。

细菌就像是毛坯房，没啥家具，但也能维持正常生活。

真菌就好比是精装修的房子，家具家电齐全。

病毒比较不同，喜欢霸凌其他细胞不说，还经常鸠占鹊巢养活自己。

关于微生物，假如你只知道这些，你就落伍了。今天，咱就来全方位了解一下微生物。

Part 1 细菌

一方面，细菌作用巨大，可以造福人类。

制造乳酪

酿酒

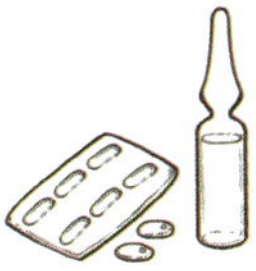

制作药品

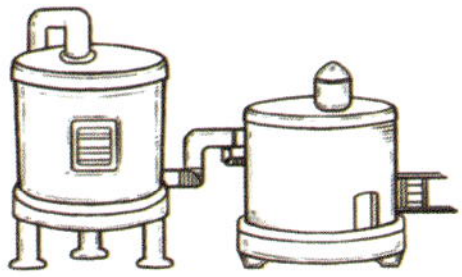

废水处理

另一方面，细菌也是疾病的病原体。

经过一番思想斗争，最终你放弃硬扛，决定找医生来帮忙。

小贴士

当细菌二分裂时，细胞中的遗传物质即 DNA，先进行复制，然后在细胞的中央形成横隔壁。

当子细胞分裂时，每个子细胞都具有一个 DNA 分子。

就这样，经过不断繁殖，微生物逐渐发展成一个群落。

当细菌占据上风时，就开始攻击人体的防御系统。

细菌，分为好氧菌和厌氧菌。

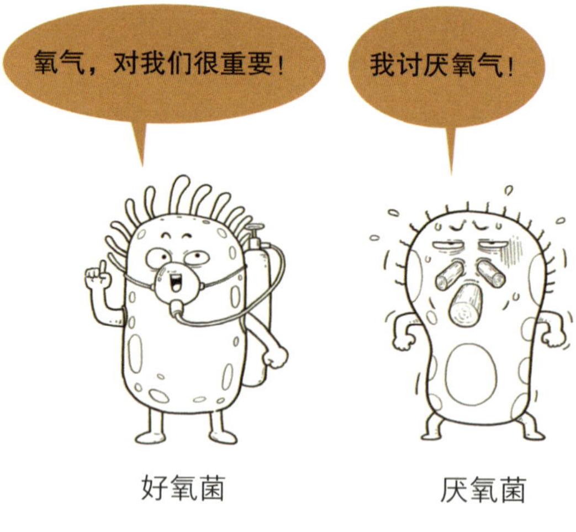

举个例子，破伤风梭菌属于厌氧细菌，在浅表的创口中无法生存。

但在与氧气隔绝的深层创口处，破伤风梭菌瞬间“支棱”起来。

所以，被锈铁钉扎伤了表层，不要紧，但要是扎深了，还得打破伤风疫苗。

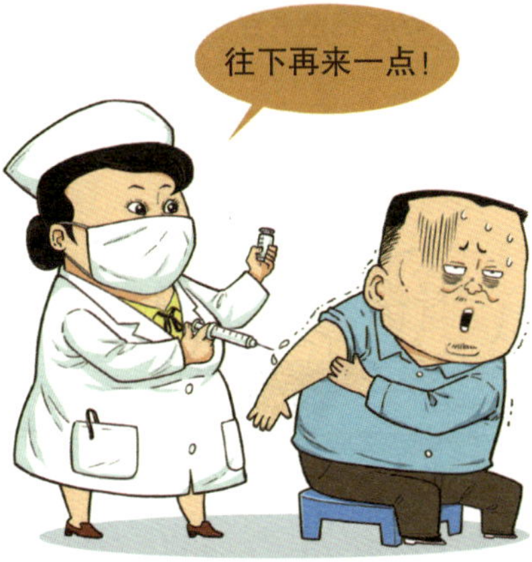

为什么有的人会乳糖不耐受？

牛奶中的糖类主要是乳糖，当乳糖进入肠胃……

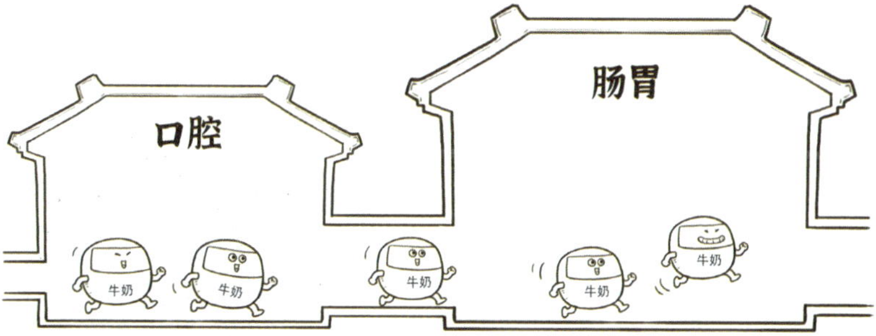

到了小肠，尤其是当空肠黏膜表面绒毛的顶端，乳糖酶分泌减少或活性不高时，就无法完全消化或分解。

多余的乳糖不得已进入肠道，被结肠菌群发酵分解成乳酸、氢气、甲烷、二氧化碳等。

二氧化碳导致胀气，乳酸刺激肠壁，增加肠蠕动，从而导致腹泻。

小贴士

乳糖酶的缺失具有先天性，与遗传有关。

小贴士

选酸奶也要讲方法。目前市面上很多“高科技”酸奶是由牛奶和酸味剂调配而成的，所以，选购时要看配料表中是否含有乳酸杆菌。

Part 2 真菌

真菌是一种单细胞或多细胞微生物，通常分为三类：

霉菌

在分解蛋白质等复杂有机物时，有绝招。

早在 2 000 年前，霉菌就进入了酿造行业。

酿酱油

酿酒

酿醋

酵母菌

是一种典型的兼性厌氧微生物，在有氧、无氧环境下都能活得美滋滋。

好氧酵母菌

厌氧酵母菌

酵母菌是酿制各种酒的灵魂。

糖分在酵母菌的作用下，被分解为乙醇和二氧化碳。

因此，酵母菌也被称为“发酵之母”。

蕈菌（大型真菌）

大伙儿都不陌生。

平头的叫平菇，白色的叫口蘑，大个头的叫杏鲍菇。

平菇

口蘑

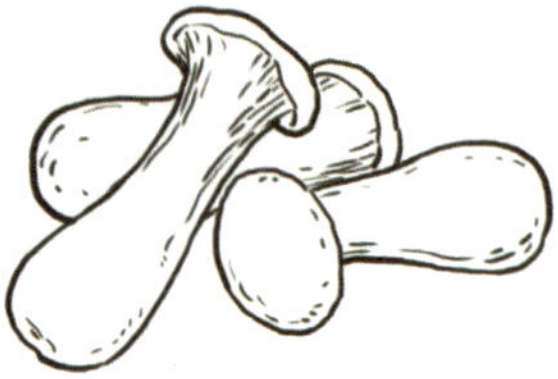

杏鲍菇

蘑菇并不是植物，而是一种大型真菌。除了蘑菇，大型真菌还有很多种。

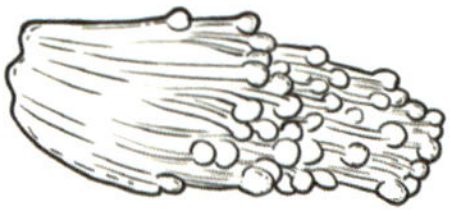

金针菇

木耳

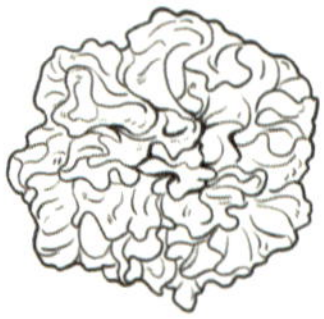

银耳

竹荪

羊肚菌

小贴士

真菌是生物界中很大的一个类群，世界上已被发现的真菌有 12 万余种。

据说中国人每年会吃掉世界上近 90% 的蘑菇。

真菌的拉丁文 Fungus，原意就是“蘑菇”。

咱再来深度认识一下蘑菇。

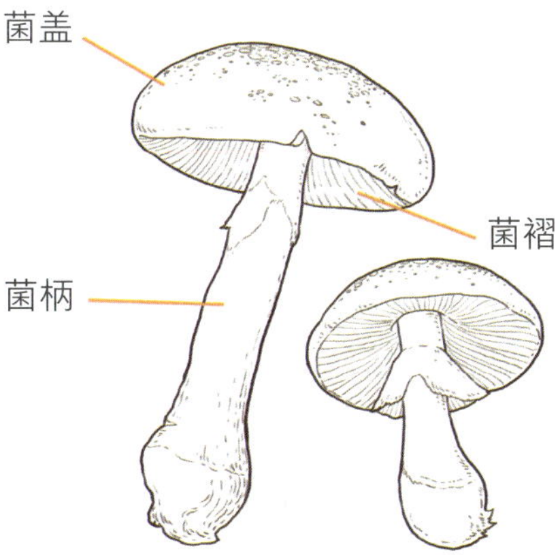

菌盖上有很多孢子，孢子是蘑菇的繁殖单位，相当于它的“种子”。有经验的采蘑菇人摘前会先拍一拍蘑菇，帮助其孢子传播。

和指纹一样，每一个蘑菇的孢子都是独一无二的，且有自己的基因。

孢子能在纸上留下一个独特的印记，称为“孢子印”。

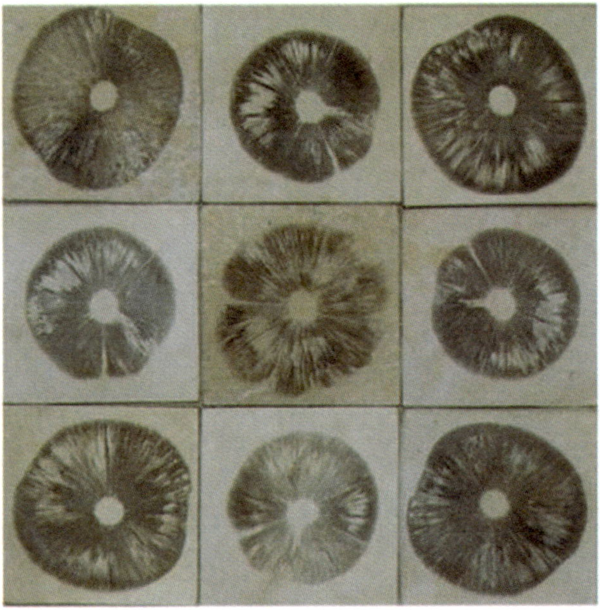

小贴士

孢子印的颜色和纹路千差万别，即使是看起来一样的两颗蘑菇也会留下不同的孢子印。

Part 3 病毒

病毒，大伙儿都不陌生。

病毒仅含有一种核酸，外边有一层蛋白外壳，少数病毒在衣壳外还有一层膜状结构。

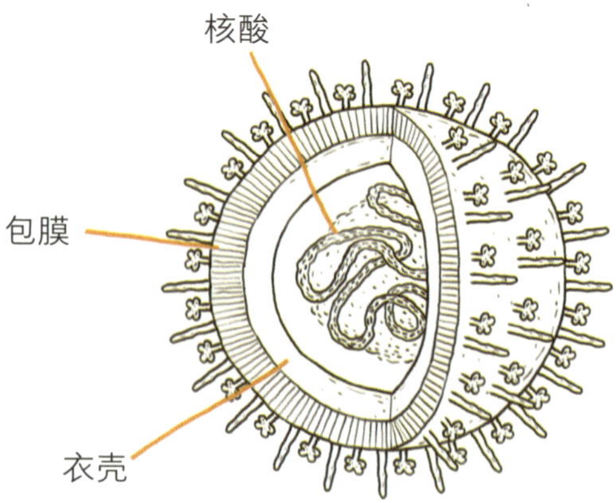

核酸是病毒增殖、遗传变异和感染的物质基础。衣壳具有保护作用，并具有抗原性。

小贴士

一般情况下，加温至60 ℃，持续30分钟，多数病毒可以被灭活。在室温下，多数病毒只能存活很短的时间。

当衣壳被破坏，病毒便失去了侵入细胞的能力，从而丧失传染性。

病毒由于缺乏进行新陈代谢所必需的酶系统，所以只能偷偷溜进活细胞内。

并借助细胞获取原料和能量，疯狂制造“娃”。

当病毒进入身体时，人体的免疫系统率先开启防卫模式。

当人体的自身免疫系统挡不住病毒的快速复制时，免疫系统就会开始崩塌。此时，其他细菌也会乘虚而入。

这时，只能邀请外援青霉素助攻。在青霉素的帮助下，身体免疫系统开始重建并组织反攻。

人类在消灭病毒过程中，至少会遇见这么几种情况：

病毒会劫持细胞，要
干掉病毒必须先干掉“人质”

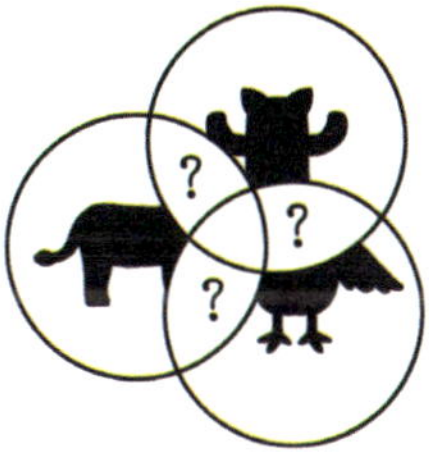

缺乏合适的
动物模型用于研究开发

病毒在不断地变异和重组

所以，目前还没有一种针对某种病毒的特效药。人类与病毒之间的拉扯还将持续下去。

03

无处不在的微生物

三分钟
读懂微生物（下）

前面讲了微生物的种类，

今天接着聊咱身边的微生物。

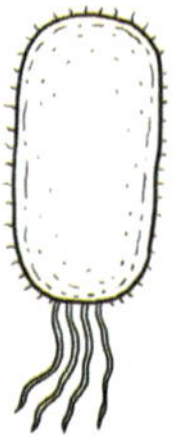

大肠杆菌

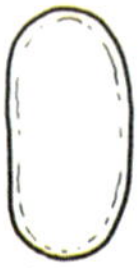

乳酸菌

酵母菌

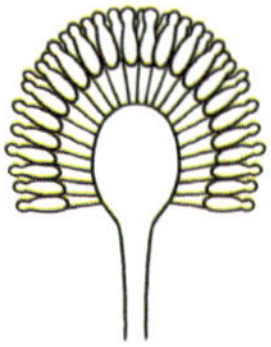

曲霉

醋酸菌（醋酸杆菌）

食药用菌

大家看着都很眼熟，但认真一想，又不知道它们是啥，有啥用，对吧？今天咱就来挨个介绍。

Case 1 大肠杆菌

大肠杆菌是人和动物肠道中的正常栖居菌，说白了就是原住民，婴儿出生后大肠杆菌随着哺乳进入婴儿肠道，从此与人终身相伴。

小贴士

《生活饮用水卫生标准》规定，每毫升饮用水中的菌落总数不得大于 100 CFU（菌落形成单位），每 100 毫升饮用水中不得检出总大肠菌群。

一般情况下，大多数大肠杆菌安分守己，没有危害，而且还能抵御致病菌的进攻。

但当人体免疫力下降，肠道长期受到刺激时，大肠杆菌就会移居到其他地方。

这样一来，就容易造成传播性感染，生病在所难免。

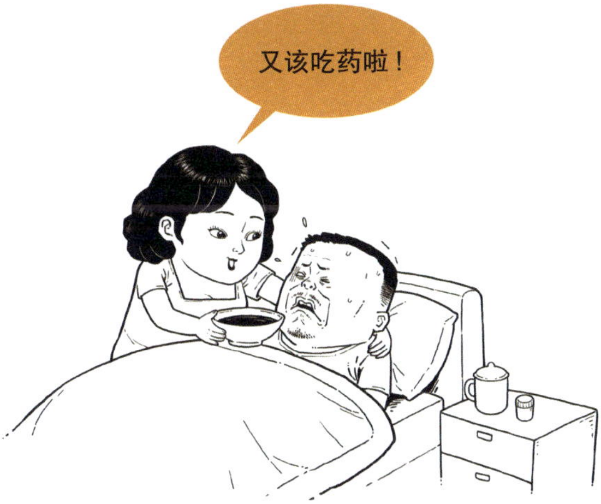

大肠杆菌还可以通过污染的水或未熟透的食物进行传播。

所以，大部分大肠杆菌被看作“机会致病菌”。

在预防大肠杆菌感染上，人类积累了很多成熟的做法。

使用消毒柜

洗手

水煮沸

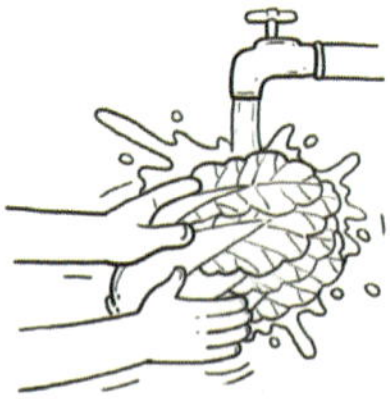

食物清洗干净

Case 2 乳酸菌

对于乳酸菌的利用，可以说，古人很早就学会了，如酸奶、奶酪的制作。

公元 641 年，文成公主进藏时，就有了“酸奶”的记载。

人们研究发现，乳酸菌中的植物乳杆菌、嗜酸乳杆菌等益生菌能调节肠胃，维持微生态平衡。

于是，各种乳酸菌发酵制品被视为健康食品，风靡世界。

Case 3 酵母菌

前面讲过，酵母菌被称为“发酵之母”，酵母菌在分解面粉中游离的糖类时，会产生二氧化碳。

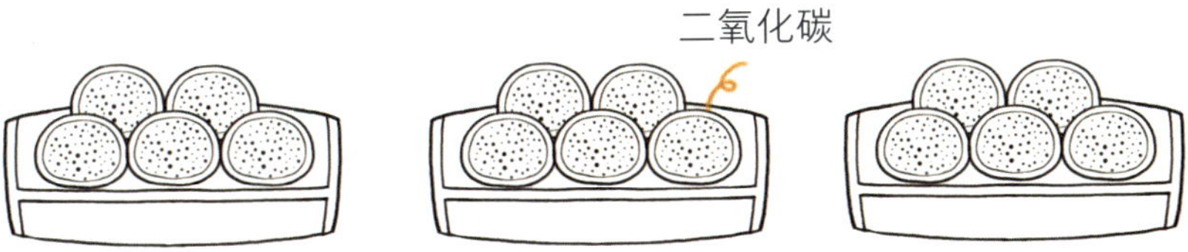

加热过程中，分解产生的二氧化碳受热膨胀，使馒头、面包变得松软。

酵母菌体内富含蛋白质、维生素和酶等物质，其中蛋白质含量超过 50%。

同等质量下，干酵母的蛋白质含量是大米的五倍。

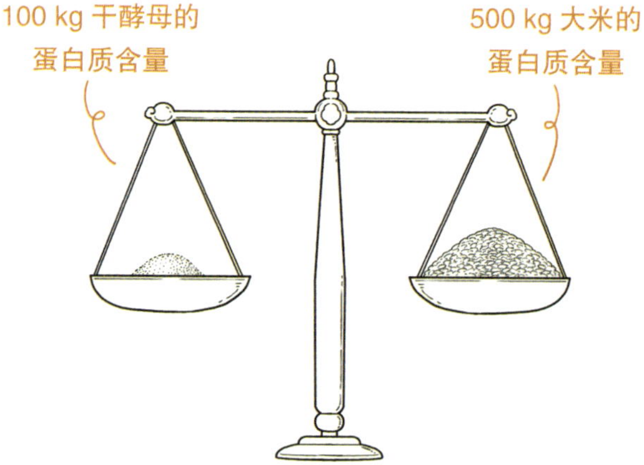

酵母菌优质的蛋白质、维生素和酶可以帮助胃将难处理的“违章建筑”清除得干干净净。

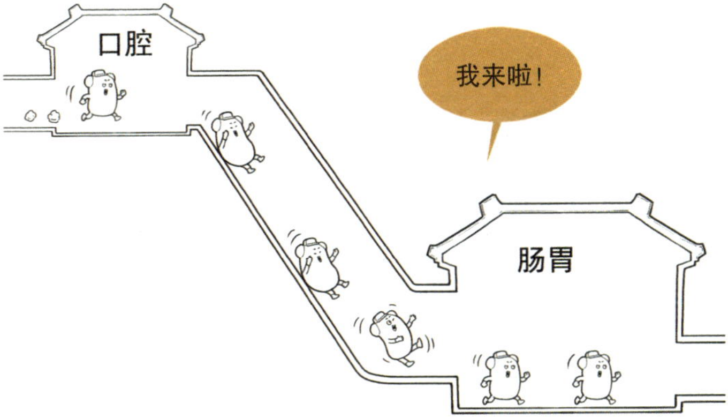

Case 4 曲霉

研究发酵的人都知道，很多食物都离不开曲霉的助攻。

豆豉

腐乳

古人根据曲霉菌丝顶端孢子串的不同颜色，将曲霉分为黄曲霉、红曲霉、黑曲霉。

黄曲霉

红曲霉

黑曲霉

黄曲霉由于工作突出，色泽独特，安全可靠，还兼职干起了染料工作。

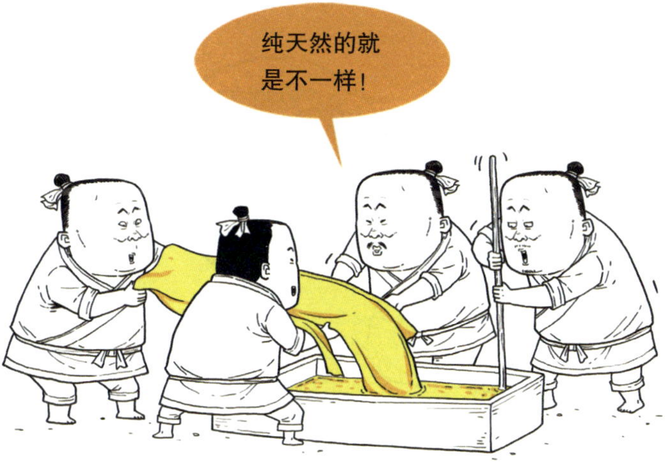

由于当时人们还没有微生物的概念，所以仅凭借直觉，将这种由黄曲霉染成的布料做成的衣服称作“五色衣”“黄衣”。

需要注意的是，黄曲霉中有一种酶会产生对人体有害的毒素——黄曲霉素。这种酶主要存在于发霉的玉米、花生以及被污染的棉籽油中。

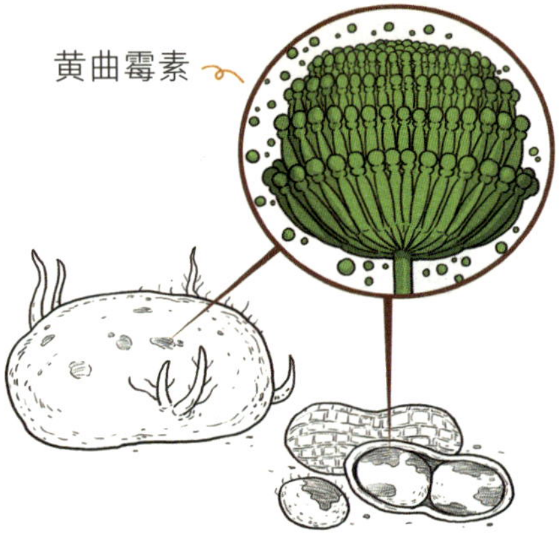

Case 5 醋酸菌

一般制醋有这样几个过程：

曲霉先把高粱等淀粉类原料变成葡萄糖。

酵母菌再把葡萄糖变成乙醇。

最后一步由醋酸菌来完成。

当空气中的醋酸菌降落到酒中，在适当的条件下，醋酸菌迅速繁殖。

醋酸菌进行好氧呼吸，使乙醇氧化，就这样，它们一边喝着酒，一边把酒变成了醋。

Case 6 食药用菌

食用菌，俗称“蘑菇”。

其蛋白质和氨基酸含量远高于所有的蔬菜和水果。

小贴士

唐朝的苏恭即苏敬(559—674)等在《唐本草注》中指出，“桑、槐、楮、榆、柳，此为五木耳……煮浆粥，安诸木上，以草覆之，即生蕈尔”，说明1300多年前，就有人工栽培木耳的记录。

古代人常用“山珍猴头，海味燕窝”来形容美食。

“古代四大名菜”

猴头

熊掌

燕窝

鱼翅

“猴头”就是猴头菇。

猴头菇还有一个绰号——“素中荤”！

猴头菇口感像肉，香甜可口，据传乾隆曾是它的头号粉丝。

小贴士

猴头菇不仅是传统菜肴，还是药材，用它制成的药片，具有养胃和中的功效，对治疗十二指肠溃疡及慢性胃炎有帮助。

药用菌是指可以用于医药的大型真菌，《神农本草经》中就有关于灵芝、冬虫夏草、茯苓等的记载。

灵芝又称林中灵，以林中生长最佳，药效最强，具有滋补强壮、扶正固本的功效。

冬虫夏草简称虫草，顾名思义，即冬天是虫，夏天就变成草了。

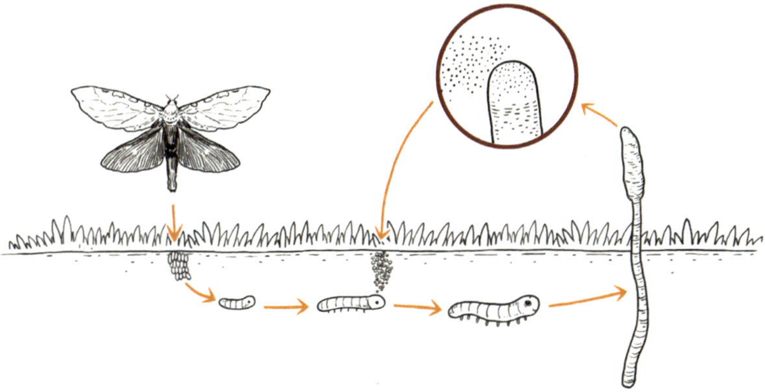

其实虫草之所以如此，是因为一种叫蝙蝠蛾的昆虫将卵产在地下后，孵化出来的幼虫躯体，被渗透到地下的虫草真菌的孢子寄生。

真菌孢子把幼虫“吸”得一点都不剩后，最终变成虫草。

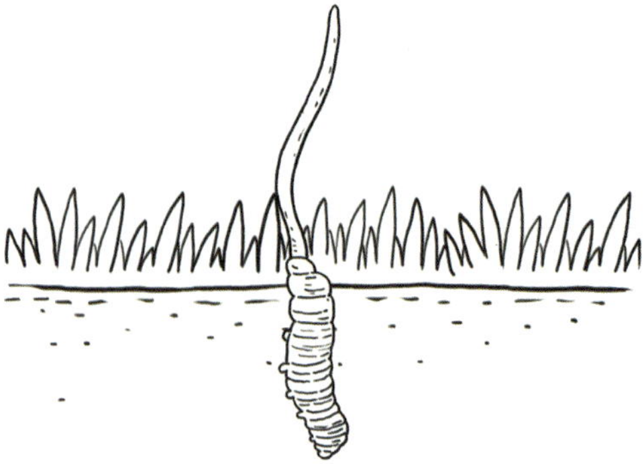

虫草具有调节免疫系统、抗疲劳等功效。

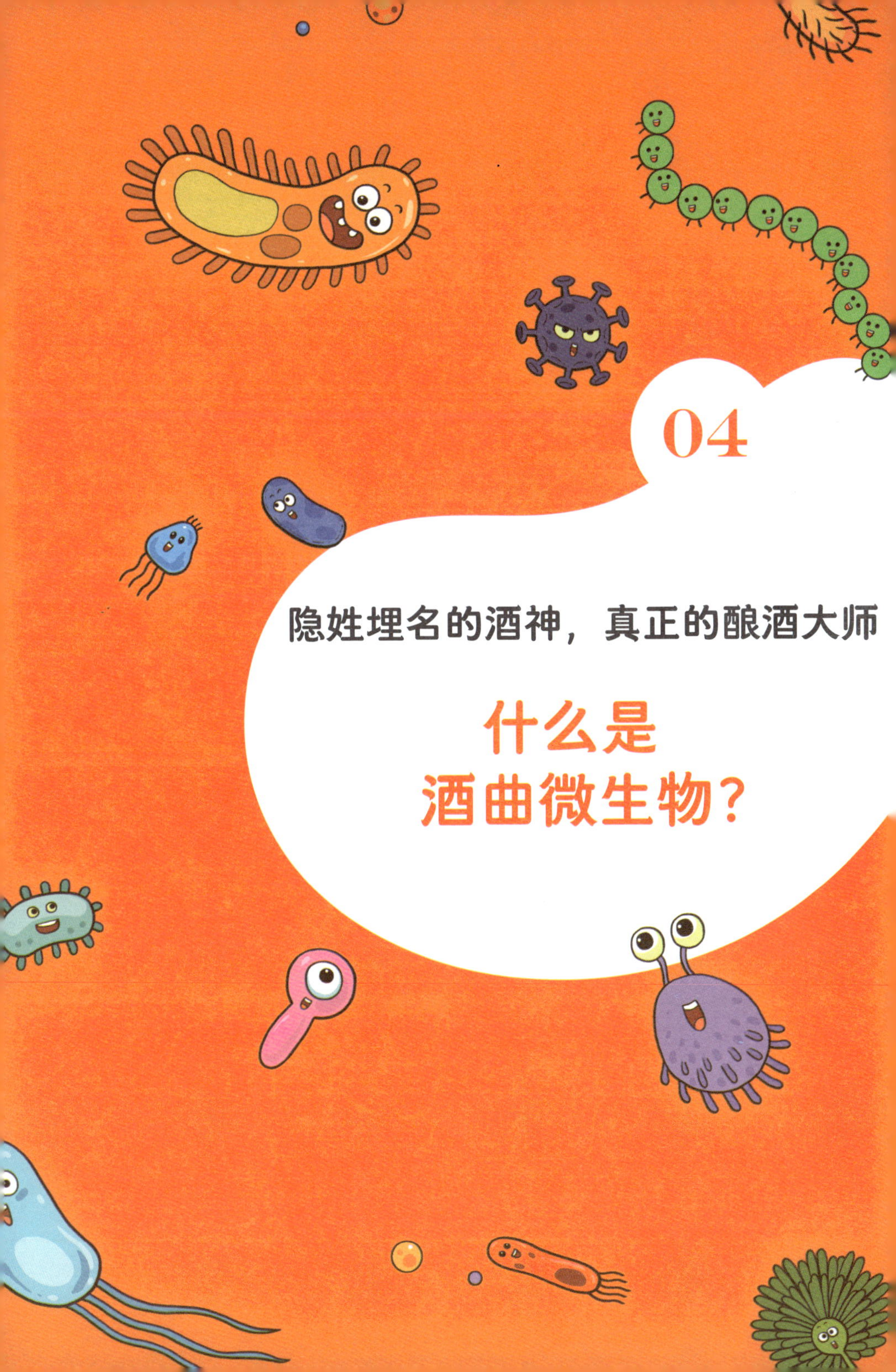

04

隐姓埋名的酒神，真正的酿酒大师

什么是酒曲微生物？

很久以前，有这样一个部落，

部落里的人以卖马奶为生。

单卖马奶，品种单一不说，保质期还短，为了避免浪费，人们决定寻求帮助。

奶农虽然不懂，但大受震撼！很快期限就到了。

知道的都懂，这就是发酵！

几天过后——

而这一切的功劳都来自它。

言归正传，咱先来了解一下：到底什么是酒曲？它对酿酒有什么作用？

Part 1 什么是酒曲？

简单来讲，酒曲是谷物在发酵过程中，形成的天然培养基，富集了多种微生物及生物酶，是用于酿酒的糖化发酵剂。

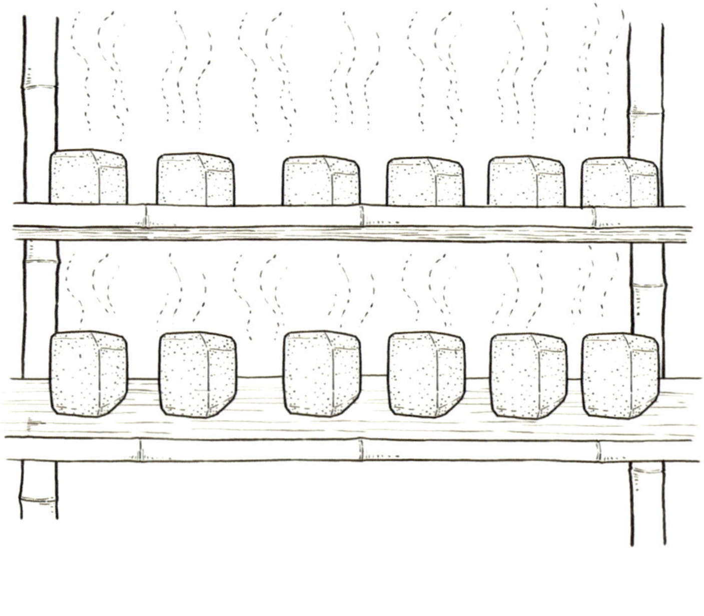

这项技术早在先秦就有记载。《尚书 · 说命（下）》中记载：若作酒醴，尔惟麴糵。

到了晋代，为了让酒好喝，古人开始在酒曲里添加中草药。

草药具有丰富的维生素，更能促进微生物生长。

南北朝时，制曲工艺进一步提高，《齐民要术》中记载了九种酒曲的制作方法。

分类也更加丰富。

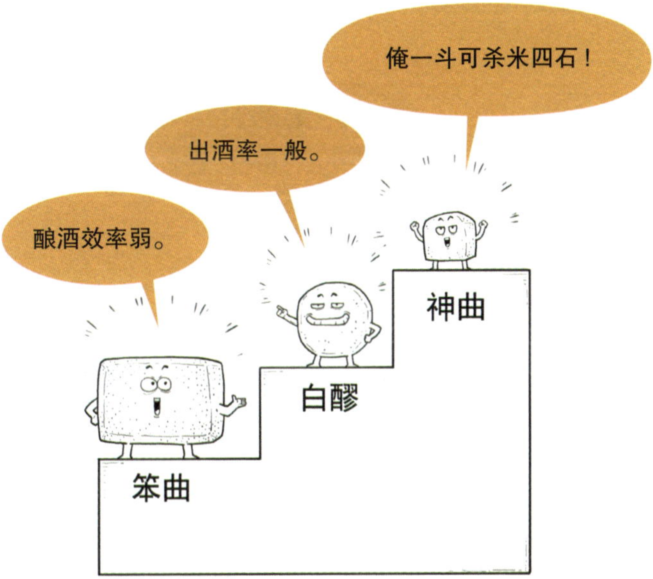

小贴士

“杀米”即糖化发酵的意思。

公元 1324 年，泸州老窖酒传统酿制技艺第一代传人郭怀玉以全新的工艺研发出新一代大曲，改善了酒中燥辣味，所酿之酒“浓香甘洌，优于回味”，自此开启了大曲酿酒的新篇章。

“甘醇曲”不仅块头大，里面的微生物群体也更加丰富。

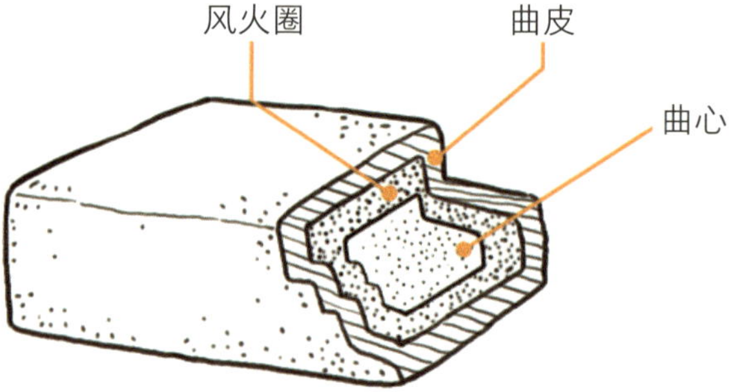

发展到现在，酒曲家族越来越庞大。

Part 2 酒曲里有哪些微生物？

要想弄明白它，我们可以这样讲：酒曲就是一个大型食品加工厂，微生物就是里面的员工。

加工厂里都有哪些工种？

霉菌　　酵母菌　　细菌

它们又是怎样影响酿酒的？

Case 1 糖化主力——霉菌

霉菌随处可见，但仅凭肉眼很难发现，只有生活经验丰富的老铁才可以看到。

霉菌远看一个菌，近看一堆菌。

这里面，有“好菌”也有“坏菌”。

霉菌可以分泌出糖化酶、液化酶及蛋白酶等各种功能酶。

念珠菌是大曲“穿衣”的主要菌种，也是小曲挂粉的主要菌种。

根霉在糖化过程中能产生大量淀粉糖化酶，可将直链淀粉和支链淀粉转变为可发酵性糖。

米根霉在发酵过程中能产生乙酸乙酯、乙醛等香味物质。

此外，曲霉同样是酿酒所需的糖化菌种，其好坏与出酒率和产品质量关系密切。

这些酶为接下来的酵母菌和细菌提供“私人定制”，将原料中的淀粉等分解成葡萄糖。

小贴士

霉菌的繁殖主要是孢子繁殖，霉菌的菌丝会长入曲坯内，曲体的微孔性能使得霉菌菌丝引出曲体中的水分，故有“菌丝内插，水分挥发”的培养原理。

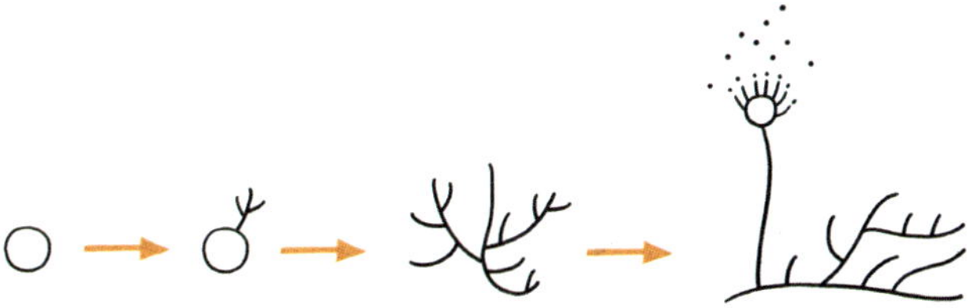

孢子　　从孢子中长出菌丝　　新生孢子在菌丝顶端形成后，向外飘散

Case 2 酒酷发酵原动力军——酵母菌

酵母菌的使用，可以追溯到几千年前。

按照不同功能，酵母菌分为三种。

酿酒酵母主要作用是将葡萄糖转化成乙醇，这个过程我们称为“酒化”。

产酯酵母核心技能就是产酯，在酒化酶的作用下，它能把糖、醛、有机酸等转化成酯、醇、醛等芳香物质，所以，它也被称为生香酵母。

假丝酵母和产酯酵母就像“塑料姐妹花”，虽然前者也能生香，但它除了在酿造过程中产生大量乙酸乙酯、乙酸异戊酯等酯类化合物，还会顺便干个兼职，和有机酸擦出点火花。

小贴士

假丝酵母菌是大曲中种类最多的酵母菌，多见于曲皮。一般大曲表面的黄色小斑点就是假丝酵母。

具体它们是怎么工作的呢？

酵母将葡萄糖、甘露糖等单糖吸进体细胞内，在无氧的环境里，分泌出酒化酶，进一步把单糖分解为二氧化碳和乙醇。

当酵母菌产生的乙醇浓度升高至 12%vol 时，其生长会逐渐受到抑制。

当乙醇浓度到达 16%vol~18%vol 时，酵母菌逐渐力不从心，感觉身体被掏空。

当乙醇浓度达到 20%vol 时，酵母菌开始死亡。

Case 3 生香主力军——细菌

一提到细菌，大多数人都是这样想的：

细菌在自然界分布最广，数量最多，但它们并不全是有害菌，还有很多有益菌。

不同的细菌在酿造过程中承担了不同的任务。

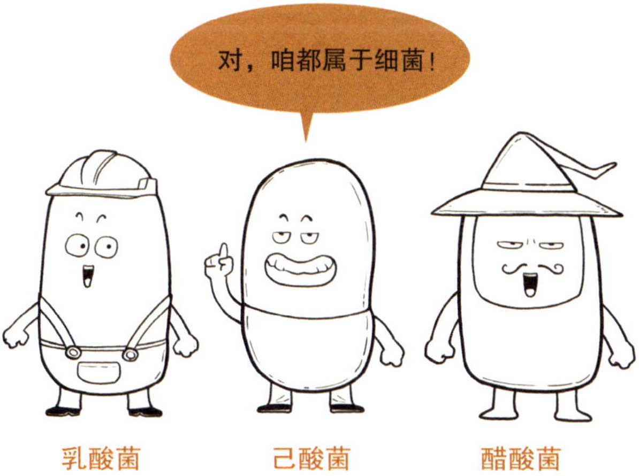

乳酸菌含量是衡量酒曲品质的重要标志之一，决定着酒曲的质量。

乳酸菌主要利用发酵环境的糖产生大量乳酸，并且通过酯化酶的作用生成乳酸乙酯。

发酵过程中如果乳酸含量过高，容易造成发酵体系酸度过大，不利于微生物正常生命活动，影响发酵进程。

己酸菌，是浓香型白酒酿造中发挥主要作用的菌，己酸菌分泌己酸，己酸与乙醇反应生成己酸乙酯。

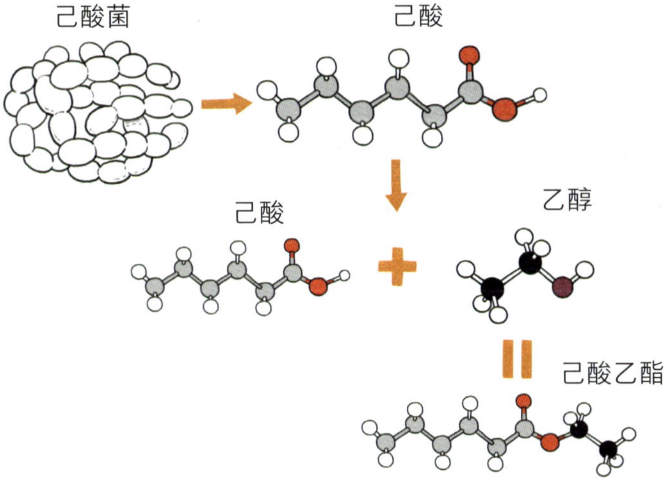

小贴士

己酸菌是厌氧菌，需要在专门的泥窖池进行培养。这也是浓香型白酒的独特菌种。

己酸乙酯是浓香型白酒的代表性香味物质，对浓香型白酒来说十分重要。

醋酸菌是好氧菌，能将葡萄糖氧化成乙酸和少量乙醇。

乙酸又和乙醇反应生成乙酸乙酯。

值得一提的是，若醋酸菌过多，产生的乙酸会抑制发酵微生物生长，从而影响酒质。

这日子没法过了！
食堂

有个问题，
不知当讲不当讲？
你都开口了，
就快说吧。
好多原料都可以自然发
酵，为啥要加酒曲呢？
打个比方，同样排量下
自吸发动机干不过涡轮
增压，想提升动力输出
只能提高技术。酿酒也
是这个道理，要想提高
发酵效率，加酒曲就是
一个很好的选择。它是
发酵的动力倍增器！

05

国宝文物窖池的神奇“密码”

什么是
窖池微生物？

很早很早以前，人们就喝上了酒。

但是，那会儿他们喝的多半是醪糟，白酒是很后面的事儿了。

相比白酒，国外蒸馏酒的历史更近，工艺也更加简单。

那么问题来了：啥叫固态发酵？啥叫液态发酵呢？

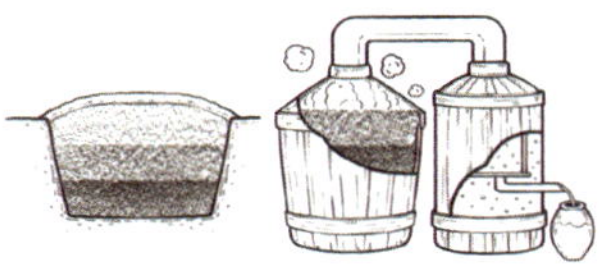

固态发酵，是将固态
配料放入窖池中发酵，
然后取出蒸馏

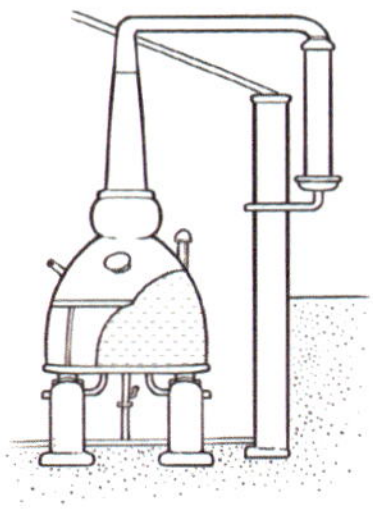

液态发酵，相对
就简单多了

在固态发酵中，微生物在接近于自然条件的状况下生长，可以产生各种风味物质。不过，固态发酵离不开一样东西——窖池。

Part 1 什么是窖池?

简单讲，窖池就是盛装酒糟用来发酵的池子，但它又不是一个简单的池子。

气候、地理、环境不同，窖池的种类也不同。

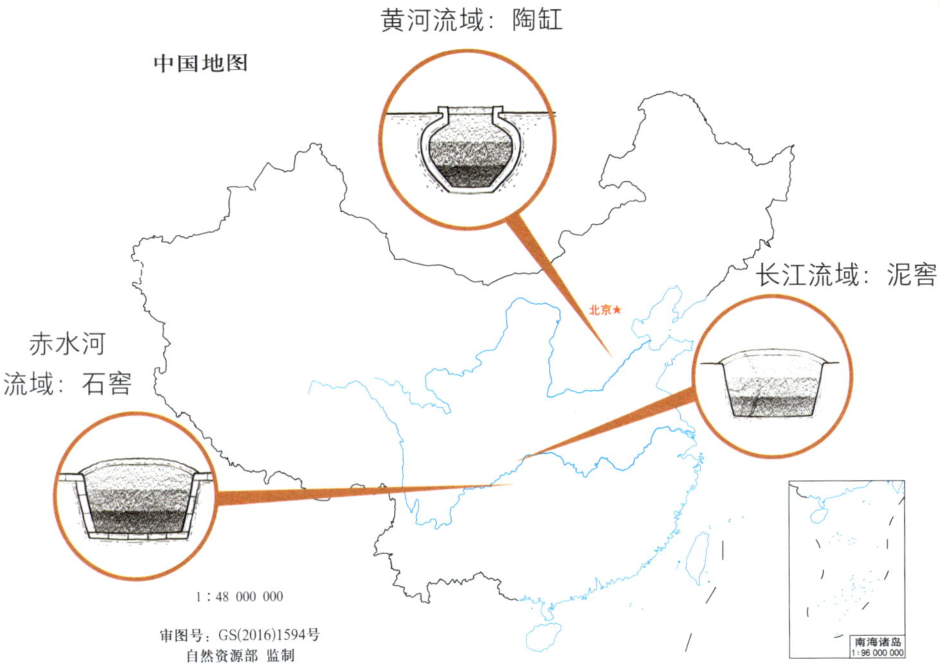

所酿之酒，香型风格也有所不同。

石窖：
酱香型

泥窖：
浓香型

陶缸：
清香型

为什么会有这样的差异呢？咱一个一个来说。

黄河流域

北方冬季干冷，夏季炎热，春秋温差大。

相对室温，地下的温度更加稳定，于是，人们决定将陶缸埋在地下。

缸与缸之间相互连通，天太热就灌凉水降温，天太冷就灌热水升温。

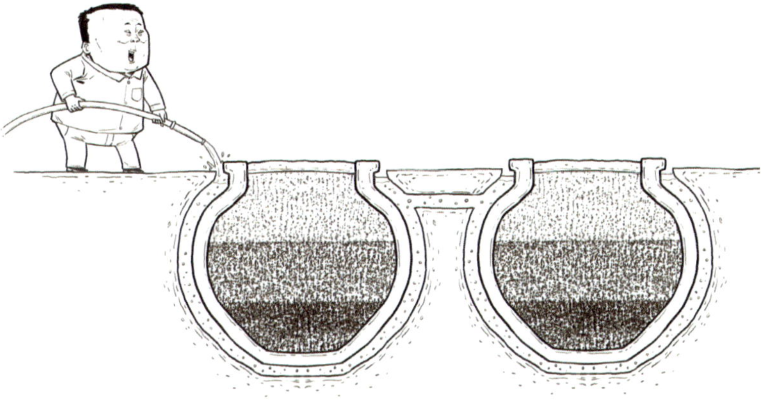

由于缸质地坚硬，发酵过程中微生物很难生存，因此，适合酿造清香纯正、醇甜柔和的清香型白酒。

赤水河流域

位于云贵高原，山多、水多、平地少。俗话说：地无一寸平。例如遵义、铜仁、贵阳、安顺、六盘水、毕节。

于是当地人就地取材，在河边有土的地方，用石头垒起窖池的四壁，形成“石壁泥底”。

值得一提的是，当地人每年会用炭在石窖里烧一遍，来控制微生物的过度发酵。

长江流域

四川盆地气候湿润温和，微生物丰富、种类繁多，再加上松软的泥窖加持，非常有利于微生物繁衍富集。

这里酿的酒在微生物的作用下产生了丰富多样的香味物质。

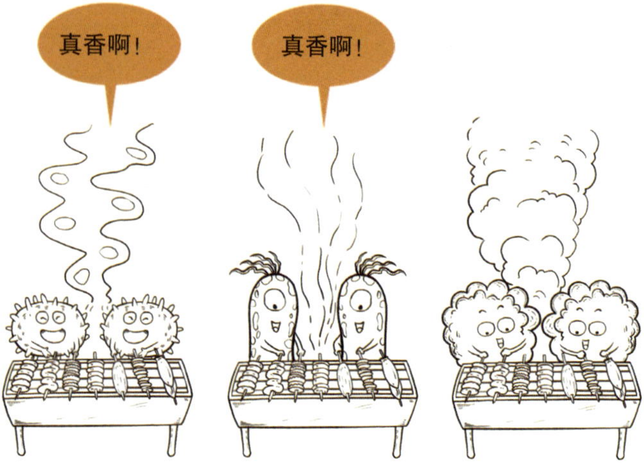

这就是浓香型白酒窖香浓郁、醇和协调、余味悠长的原因。

Part 2 窖泥与酒到底是啥关系?

简单讲，窖泥作为微生物的生存载体，为微生物提供了繁衍栖息的环境，构成了一方微型世界。

这个世界的故事可以这样讲：小菌一家是勤快人，平时在家待着。

其他时间都去工厂打工。

但它们的生活物资都得靠人类投放，如果长时间不投粮，它们就没了生活来源……

时间一久，它们就会死掉。

没了微生物，窖池就成了遗址。

截至目前，酒行业里有 11 家全国重点文物保护单位，但大部分都是遗址。只有 1573 国宝窖池群以“窖池群”的形式存在，是唯一建窖到现在 450 余年仍在持续不间断使用的窖池，所以它也被行业称为“活文物”。

经过 450 余年的持续酿造，“1573 国宝窖池群”的窖泥形成了良好的生态系统，其微生物种类繁多，数量庞大，它也成为中国酿酒工艺的极限样本！

截至 2024 年，1573 国宝窖池的窖泥中已识别出 3040 种微生物，分布在 30 个门 53 个纲 287 个属；古菌菌群共 78 个种，分布在 4 个门 5 个纲 17 个属。

通过对比研究，科研人员发现普通窖池和国宝窖池窖泥的微生物在数量、类型上存在巨大差异。

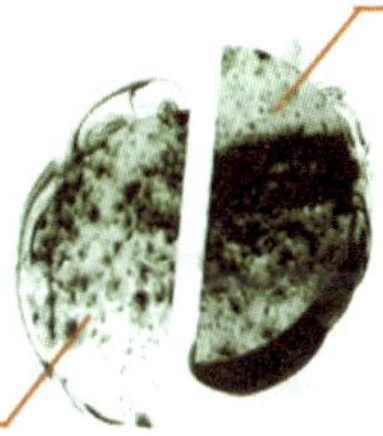

小贴士

普通窖池窖泥中的微生物含量为 1 亿个 /g（干窖泥），国宝窖池窖泥中的微生物含量则为 10 亿个 /g（干窖泥）。

著名微生物学家　中科院院士
方心芳

随着窖龄的增长，酿酒微生物逐渐富集，群落结构、优势菌群趋于平衡。

近年来，科研人员新发现了多株新菌株。

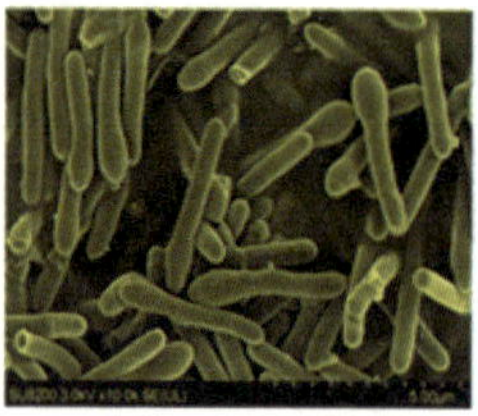

新种：老窖梭菌

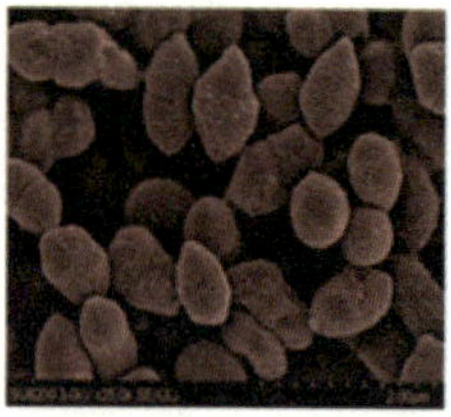

新属：老窖互营球菌

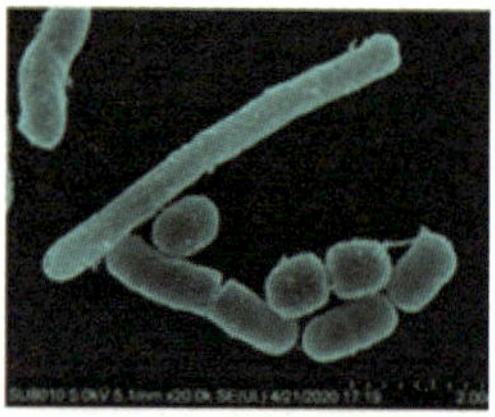

新种：老窖乳杆菌

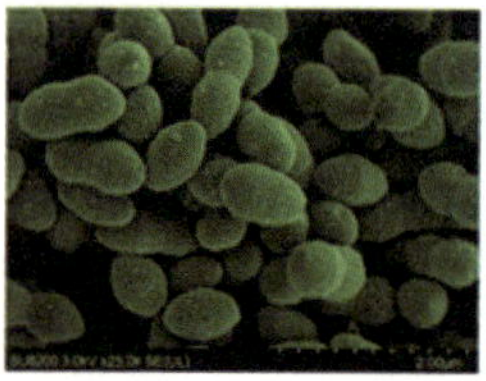

新种：白酒布劳特氏菌

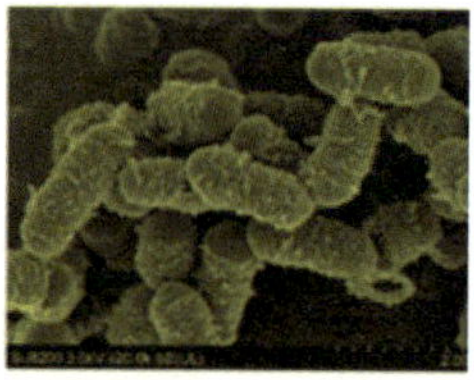

新种：大曲慢生芽孢杆菌

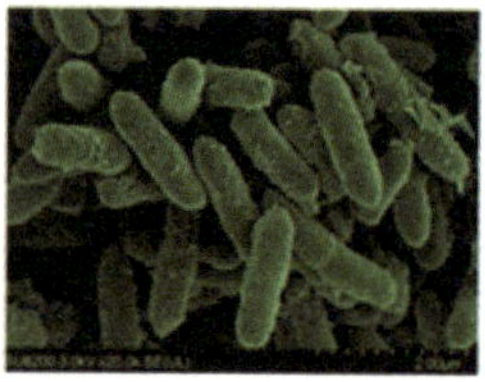

新种：大曲土壤芽孢杆菌

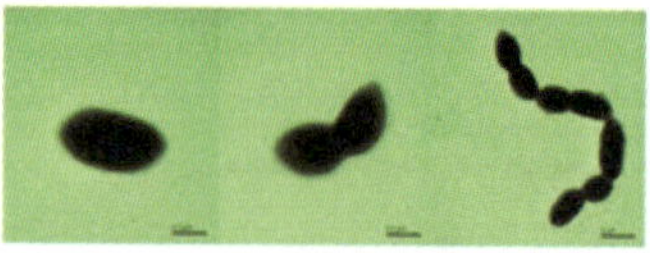

新种：不动嗜热费鲁斯菌

窖泥中参与发酵生香的微生物越多，酿出的酒也就越浓香。

Part 3 窖泥微生物有哪些？

按功能，窖泥中的微生物主要分成两大部门。

咱来一个一个说。

产醇部比较简单，主要分三个科室。

它们之间通过分工协助，将粮食中的淀粉分解成葡萄糖，并最终转化为乙醇。

但当酵母菌产生的乙醇浓度达到一定程度时，酵母菌的生长及代谢就会受到抑制。

这时候，梭菌上场了。它既可以控制乙醇的浓度，又会利用乙醇生产酸类和酯质物质。

小贴士

窖泥中的梭菌种类繁多，有些梭菌也可以利用葡萄糖产生乙醇。

产味部不大，但科室不少。

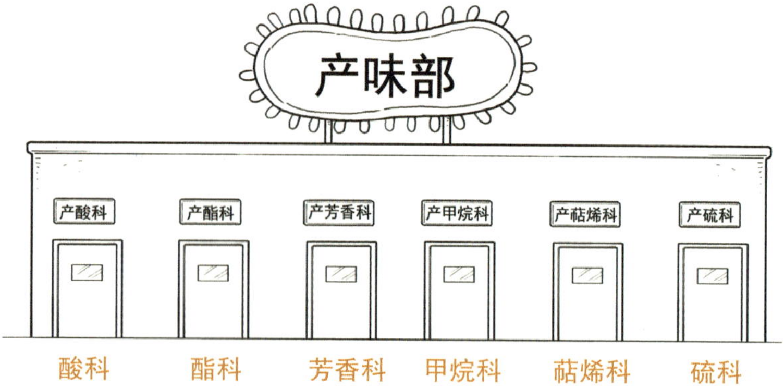

看着复杂，但都很好理解。

“产酯科”主要成员有酵母菌、霉菌、己酸菌等。

其中，乙酸乙酯、己酸乙酯、乳酸乙酯、丁酸乙酯是“产酯科”的明星产品。

梭状芽孢杆菌是“产芳香科”的骨干成员。

白酒中的芳香族化合物主要呈花香和水果香，是白酒中的重要风味物质。

"产甲烷科"是最强的辅助科室。

其核心成员利用氢气还原二氧化碳产生甲烷，使菌群代谢平衡向促进有机酸、乙醇生成的方向移动，提高酒醅中的酸和酯的含量。

年复一年持续不间断地酿酒，滋养出无比珍贵的窖泥。随着窖龄越来越老，微生物菌群得以进化，酿酒生香微生物得以富集，数量越来越多，酿造的酒也就愈加浓香！

06

酿酒主力部队

什么是产醇微生物?

前些年，大伙都养成了这样一个习惯。

是不是很多人有这样的疑问:

小伙子们，你们想得太简单，别小瞧了乙醇！

Part 1 乙醇有啥用？

病毒这玩意儿外强中干，实际上远没有我们想得那么厉害。

当它攻破免疫防线进入人体后，其表面的蛋白质和脂质能起到保护效果。

但乙醇具有强大的渗透力，在体外可以溶化病毒表面的脂质，并破坏其蛋白质结构，打入病毒内部。

这样一来，构成病毒生命基础的蛋白质瞬间凝固，病毒从而死亡。

原来，浓度越高的酒精虽然可以轻易凝固蛋白质，但在“打怪”过程中也会乌龙助攻，帮助病毒形成一层坚固的硬膜。

这层硬膜能阻止乙醇进一步渗入病毒内部，反向保护了病毒，使其免遭死亡。

经反复试验，人类发现浓度为 75%vol 的酒精杀菌力最强，所以医用消毒酒精一般都是这个浓度。

Part 2 酒中有哪些醇类物质？

高级醇

高级醇，听着很高级，但这仅是它的家族名，在高级醇的家族里有着各种高级的醇。

高级醇和乙醇看着不同，实则类似。高级醇拥有三个或三个以上碳原子，而乙醇只有两个。

高级醇是个急性子，沸点低，容易挥发，在挥发过程中还喜欢“拖带”其他分子跟着一起挥发。

不仅如此，高级醇还能衬托酯香，让香气更加完美。

在高级醇的加持下，白酒更有后劲，味道的持续时间也更长。

但值得一提的是，高级醇含量过高会刺激血管，引起血管收缩。

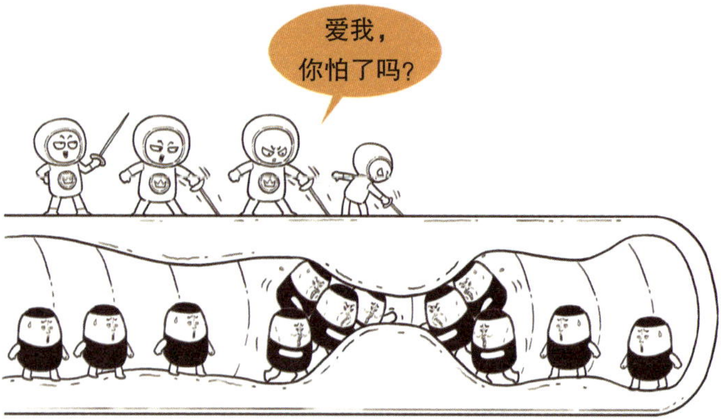

加上人体对高级醇的代谢速度极慢，从而使脑部供血、供氧不足，最终导致头疼。

但白酒里高级醇含量并不是越少越好。

因为缺少它，白酒的味道会淡。

多元醇

白酒的甜味物质中，多元醇类是最主要的。

多元醇远看像一个人。

近看其实是个大家庭。

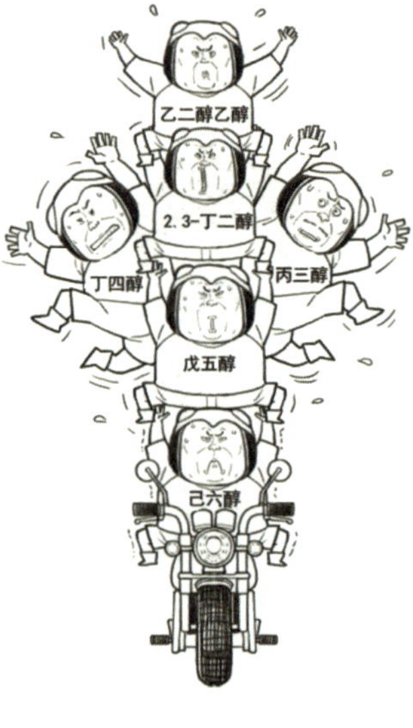

虽然都是一个妈生的，但它们的甜味强度各不相同。

酒体有了多元醇的加持，风味变得更加丰满醇厚。

Part 3 醇类物质是咋来的?

简单讲，主要就是靠这三位。

这三位看着都差不多，但它们的生产路线却截然不同。

酵母菌

根据功能，酵母菌又分为两类。

产酒酵母，发酵能力强，是产酒率的实力担当。

非酿酒酵母，做事低调，偏好有氧环境，主要参与乙醇的早期发酵。

除了产出乙醇，它们还会产生乙酸、乙醛等物质。

随着发酵到了后期，乙醇含量不断升高，非酿酒酵母会逐渐退出发酵岗位。

芽孢杆菌

芽孢杆菌，能够保持肠道微生态系统的稳定和平衡，提高动物机体抗病能力。

芽孢杆菌名字看着像反派，但它其实是个益生菌，专治各种肠道不服。

小贴士

如枯草芽孢杆菌、凝结芽孢杆菌，可以改善动物肠道吸收状况。枯草芽孢杆菌广泛分布在土壤及腐败的有机物中，且易在枯草浸汁中繁殖；凝结芽孢杆菌能够产生凝结素和乳酸。

芽孢杆菌可以产生一种叫作孢子，又名芽孢的细胞，它是目前自然界已知最具耐受性的细胞。

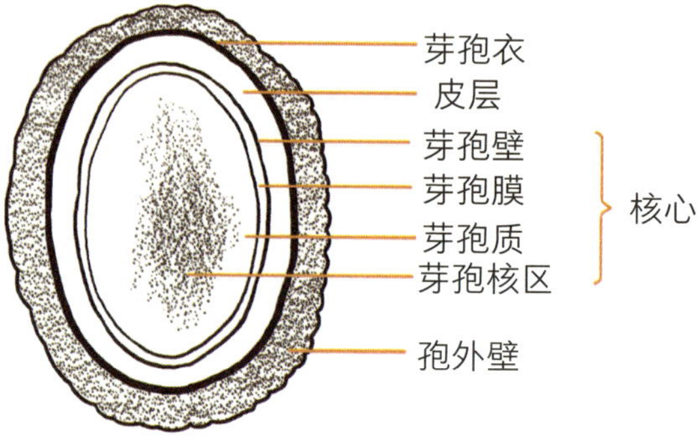

处于休眠状态的芽孢对热、干燥、辐射、酸、碱和有机溶剂等恶劣条件有极强的抵抗力，能在不利环境下存活十余年，甚至成千上万年。

一旦条件变好，它又会转换形态，变成能分裂繁殖的菌体细胞。

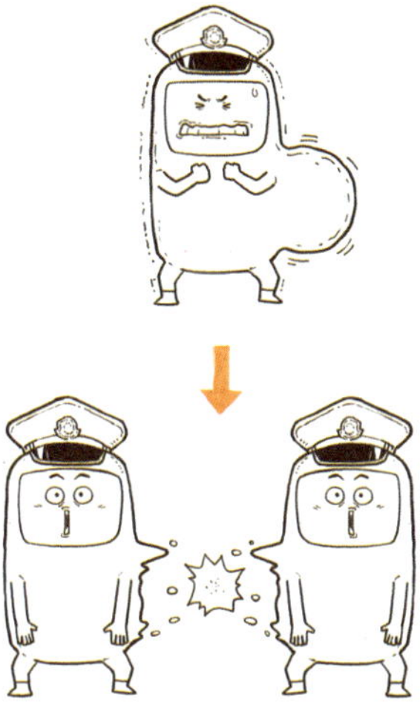

延展阅读

近些年，纳豆受人追捧，逐渐走上国人餐桌。

纳豆之所以可以减肥，纳豆激酶功不可没。

它是一种由枯草芽孢杆菌分泌的丝氨酸蛋白酶。

丝氨酸蛋白酶本身具有溶解血栓、改善血液循环、软化血管以及增加血管弹性等作用。

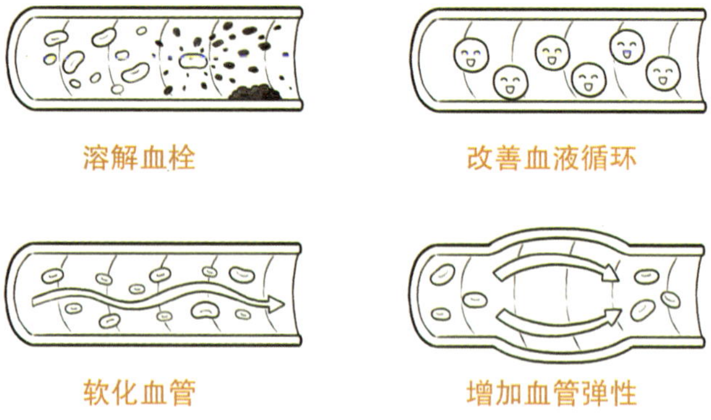

在白酒酿造中，芽孢杆菌主要产生丁二醇、丙三醇等高级醇。但当窖池中含有较多的枯草芽孢杆菌时，其产生的高级醇含量反而会显著降低。

梭菌

参与白酒酿造的主要有拜氏梭菌、丁酸梭菌，它们扮演着不同的角色。

拜氏梭菌是生产丁醇的最理想菌株。

当窖泥中拜氏梭菌的含量很高时，正丁醇肯定也低不了。

丁酸梭菌除了产出丁酸和乙酸，还可以产生大量淀粉酶、纤维酶、蛋白酶等，维持微生物可发酵性糖的供给，从而影响乙醇及高级醇的产量。

小贴士

丁酸梭菌由日本千叶医科大学宫入近治博士于1933年首次发现，因此又名宫入菌。

07

产酸“四大天王”

什么是产酸微生物？

白酒风味物质中，酸味物质种类繁多，其中有四种含量占总酸的 90% 以上，所以，这四兄弟也被称为“四大天王”。

哦不，
是酸界“四大天王”！

虽然都是酸界大佬，但在不同香型的酒里，含量不同，它们四个的角色定位也有所区别。

浓香型白酒

清香型白酒

酱香型白酒

米香型白酒

看着很难懂，它们都分别是什么角色？

咱就来一个个聊：

Case 1 乙酸

小乙是醋中最主要的成分，浓度可以达到 50 g/L。

当达到一定浓度时，小乙具有刺鼻性。

言归正传，其实小乙人本身并不坏，它不仅使酒香更具层次，还能让酒体更加厚重。

但凡是瓶好酒，都离不开它，只是多少的问题。酒之所以没有酸味，是因为酒中的乙酸含量不到食醋的五十分之一。

小乙的来源有很多，主要有醋酸杆菌、葡萄糖杆菌和异常毕赤酵母。

总的来说，醋酸杆菌是小乙的主要来源，它不仅可以将乙醇氧化成乙酸，

还可以将乙酸继续氧化成二氧化碳和水。

这些的前提是：得有足够多的氧气。

一旦发酵到了后期，窖池中氧气耗尽，醋酸杆菌也就“下岗”了。

小贴士

两百年前，科研人员将啤酒、葡萄酒久置于空气中，液面上就会长一层薄膜，将此薄膜移植到其他酒里，这些酒也很容易变酸。

因此人们把形成薄膜的杆状生物称为“醋母”。

Case 2 . 己酸

小己是浓香型白酒的主体酸之一，有呈香、助香的作用，并且可以减少酒体刺激感。

早在1868年，就有人发现了它的存在。

小贴士

当时人们不太在意，直到1936年，巴克尔才进行己酸菌的分离与深入研究，到1942年，才分离得到了首株己酸菌，命名为*Cl.kluyveri*。

己酸有股类似干酪的味道，也就是所谓的奶酪味。有人觉得这种味道像奶油，很香。

值得一提的是，小己水性较差，处理不当时会引起白酒浑浊。

小己主要来自己酸菌，在酿造过程中，己酸菌与酵母菌是一对姐妹花。

酵母菌的前期消耗，逐渐为己酸菌营造出低氧或无氧环境。

己酸菌不耐酸，与乳酸菌不怎么对付。

Case 3 乳酸

小乳，它就在我们身边，甚至是身体里。

运动时肌肉会进行无氧酵解，使葡萄糖分解不完全，造成乳酸堆积。

乳酸堆积使得肌肉产生酸胀、疲惫感。

但酒中的乳酸情况就不一样了，不仅酸味柔和，还对人特别友好。

乳酸的来源有很多，包括乳酸菌、短乳杆菌和根霉等，其中乳酸菌是主要的。

当然了，乳酸菌也不是一个人在战斗。

它们不仅个个都是产乳酸的能手，而且不乏调节胃肠道的高手。它们都有哪些？

乳酸片球菌　　干酪乳杆菌　　戊糖片球菌

短乳杆菌最早是在泡菜中被发现的。它的发现，推动了对长寿的研究。

根霉常被用来酿造米酒。

作为一个全能选手，根霉不仅能给酵母菌提供原料，还顺带生成乳酸和乙酸。

根霉繁殖很快，发酵时，往往会长出白毛。这属于正常现象，白毛就是根霉的菌丝，如果白毛变成绿毛或黑毛等其他颜色，就说明混入了杂菌，只能扔掉。

最后一个就是酵母菌，它是生产乙醇的主力军，通过分解葡萄糖产生乳酸和丙酮酸。但相比起生产乙醇来说，这项工作连副业都谈不上。

Case 4 丁酸

说起小丁，有人会联想到一个叫“莫斯利安”的村庄。

“长寿村的秘密”

南洋理工大学李光前医学院的彼得森（Sven Pettersson）教授经过深入研究，终于找到了长寿的秘密。

后来的实验也证明，膳食纤维可以让肠道中的微生物产生丁酸，从而使人变得更加年轻健康！

小丁的主要来源是丁酸梭菌和梭状芽孢杆菌。

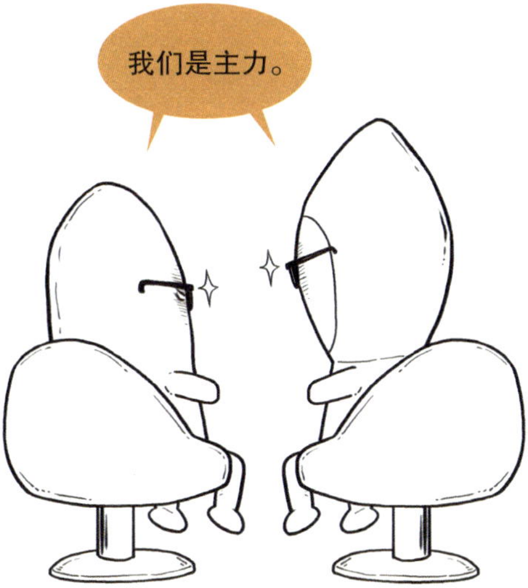

它俩除了酿酒，在医学界也很有建树。

丁酸梭菌对肠菌群紊乱引起的肠炎、腹泻、消化不良等疾患有缓解作用。

梭状芽孢杆菌在肿瘤治疗领域的作用不可小觑。

看见没，都是酿酒微生物，它们虽然身兼数职，但分工协作，工作有条不紊。

含酸量少了，酒味寡淡，后味短。

酸味大了，则酒味粗糙。

所以，适量的酸，不仅可以调节口味，还能使酒变得醇甜可口。

此外，酸可使醇和水的氢键缔合，加快新酒老熟。

哦，对了，最后提一句：

虽然酸类在白酒香味家族里排行老二，但通过和醇类的酯化反应，可以生成排行第一的酯类。

所以换一句话说：无“酸”不成酒。

08

酒体风味特种兵

什么是产酯微生物？

很多人形容酒好喝，会脱口而出：

但同样含有乙醇的医用酒精，酒精度高达75%vol，却怎么一点“酒香味”都没有？

其实酒香味浓不浓，跟乙醇含量没啥关系。

酒香不香，酯类物质是关键。今天，咱就来了解一下仅占百分之几的酯类是如何逆袭成为核心的。

Part 1 酯类是怎样形成的？

酯类是白酒中数量最多、影响最大的香味物质，是酒的灵魂伴侣。

小贴士

一般优质白酒的酯类平均含量为0.2%～0.6%，普通白酒则不到0.1%。正因此，优质白酒的香味要比普通白酒浓郁。

酯类物质看着很难搞，但只要听完我的介绍，就能搞懂。

远看酯类是一个人。

近看是一个后宫。

其中己酸乙酯、乙酸乙酯、乳酸乙酯和丁酸乙酯约占总酯含量的 90%，所以也被称为：四大酯。

虽然它们亲如一家，但性格迥异。

	姓名：乙酸乙酯 特长：呈香蕉或苹果味，具白酒清香感，是清香型白酒的主体香味来源。
	姓名：乳酸乙酯 特长：香气弱，有脂肪气味。
	姓名：丁酸乙酯 特长：脂肪味明显，有似菠萝味，爽快可口。
	姓名：己酸乙酯 特长：有菠萝香气，味甜可口，具有窖香感，是浓香型主体香味来源。

它们的成功上位，离不开两个人：醇和酸类物质。

换一句话说，无“酸”不成酒。

但要想转化成酯，中间环节很多，过程非常复杂。

要想脱颖而出，还需要人的引荐。

小贴士

由于酯类化合物的重要性，从 20 世纪 60 年代开始，专家学者争相研究，直到现在，白酒中检测出 430 余种酯类化合物。

要想在后宫生存下去，光有颜值是远远不够的。

Part 2 “四大酯”背后都有哪些“势力”？

酵母菌团队：
酒香酵母、毕赤酵母、
胶红酵母和汉逊德巴利酵母

霉菌团队：
大曲霉菌、米曲霉和红曲霉

放线菌团队：
诺卡氏菌、白色链霉菌、马赛菌

芽孢杆菌团队：
贝莱斯芽孢杆菌和凝结芽孢杆菌

咱一个个来看。

Case 1 酵母菌团队

酒香酵母是乙酸的主要来源。

此外，它还可以产出乙酸乙酯合成酶。

那么，问题来了，乙酸乙酯合成酶有啥用？

到了发酵后期，随着乙醇含量增高，酒香酵母的生长活动会受到明显限制。

汉逊德巴利酵母有代谢乳糖、乳酸和蛋白质的能力，且可产生香味。

此外，在泡菜、干酪以及肉制品中也经常看见其身影。

酒香酵母也会产生一些不好的气味，如奶酪、皮革、皮毛的味道。

Case 2 霉菌团队

红曲是红曲霉的菌丝寄生在粳米上形成的红曲米，是一种神奇的药食两用食材。

药用方面，红曲米在降低血液中的胆固醇、降血糖、降血压上，效果显著。

“红曲，人窥造化之巧者也，奇药也。”——《本草纲目》

发酵方面，红曲霉酯化能力极强，可促进己酸与乙醇的酯化作用，生成己酸乙酯。

当红曲霉与酵母菌共同作用时，酵母菌的酯化效果能大大提升。

米曲霉能使黄豆化身为酱油或味噌，也能使大米变为甜料酒或醋、美酒。

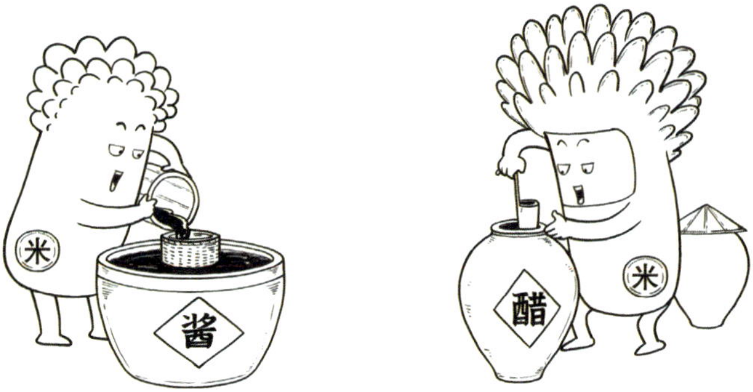

米曲霉的转化速度堪比短跑冠军。

Case 3 放线菌团队

白色链霉菌是个多面手：一方面可以分解淀粉和蛋白质；

另一方面还能促进丁酸梭菌产酸；

还能生成色素和抗生素。

诺卡氏菌是科学家在 1888 年发现的，其代谢物也是合成酯类的重要前体，但对酒体的风味影响较小。

Case 4 芽孢杆菌团队

前面讲过芽孢杆菌，今天重点来聊聊凝结芽孢杆菌。

凝结芽孢杆菌在无氧条件下，生产乳酸的效率更高，对乳酸乙酯的生成有重要影响。

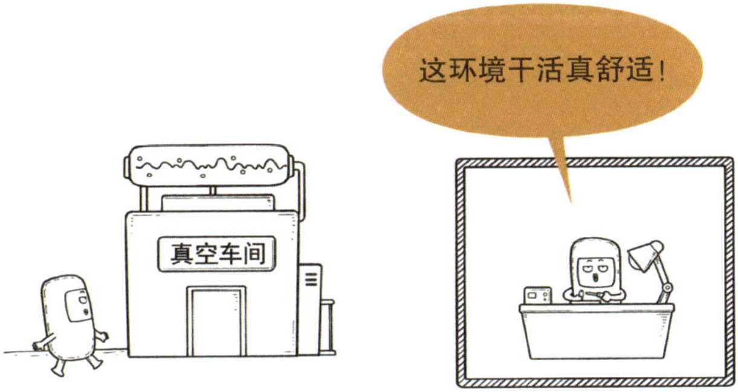

凝结芽孢杆菌生产的乳酸中，L- 乳酸所占比例高达 99%，L- 乳酸容易被酯化利用。

值得一提的是，凝结芽孢杆菌在医学界也作用巨大。

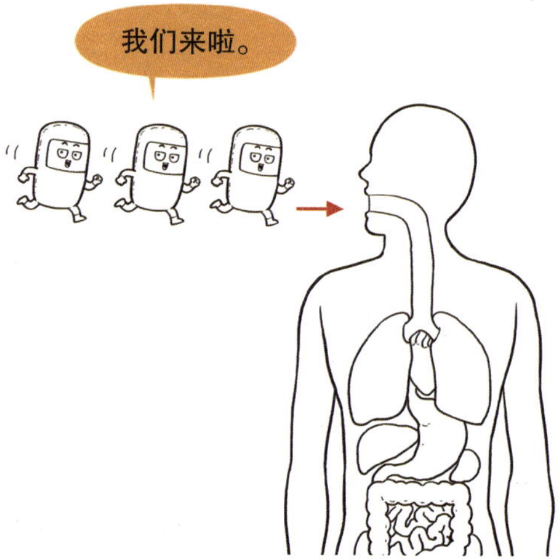

小贴士

凝结芽孢杆菌是妥妥的菌界劳模，不仅可以降低肠道中的多种毒素，提高细胞和体液免疫，还可以改善便秘，对急慢性腹泻、肠道功能紊乱、肠易激综合征、溃疡性结肠炎等均有显著疗效！

好了，关于酯类就讲到这里。

……

各种酯类物质都有了，

该如何调整它们的含量和比例呢？

这才是白酒工作者们的终极问题。

09

酒香自何处？

其他生香微生物

前面讲了醇、酸、酯，同样构成白酒风味的物质还有：

白酒中的这些物质含量不多，却都是形成白酒风味的重要物质。

Part 1 产萜烯类化合物微生物

知道为什么人们喜欢喝茶、吃水果，去山林间放松吗？

答案绝对出乎你的意料。

大自然的植物草本散发的萜烯类化合物，可以缓解压力和疲劳。

延伸阅读

萜烯的名称来源于松节油，因为它们是在松节油中被发现的。

萜烯类化合物最早被德国有机化学家凯库勒于1880年发现。

之后，凯库勒的助手瓦拉赫、鲁兹卡、罗宾逊继续研究，并最终获得诺贝尔化学奖。

萜烯类化合物不仅存在于植物草本里，凡是带有香味的水果、香料，都或多或少可以看到它的影子。

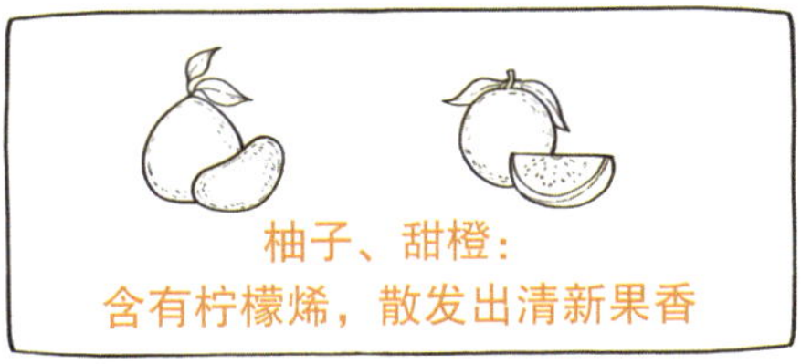

除了香味，萜烯类化合物还具有极为重要的生理活性，在医学方面也有重要作用。

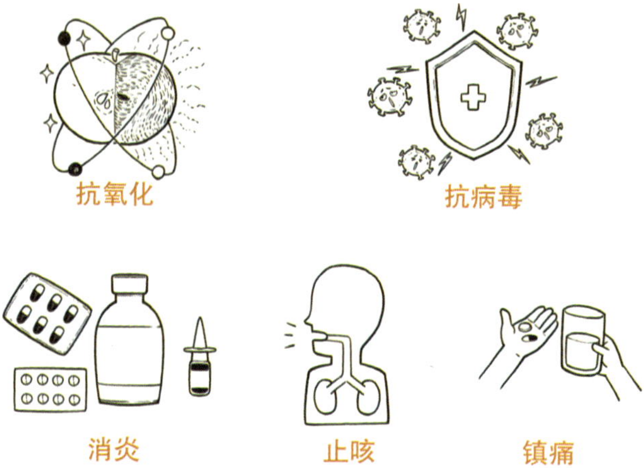

我们所知的萜烯类化合物中，比较有名的是青蒿素。

作为“气味专家”，萜烯类化合物也是白酒中的一类重要健康因子。

从总量看，白酒中的萜烯类化合物达到 3 400 ～ 3 600 μg/L。相比之下，葡萄酒的总含量少得多。

项目	功能成分（μg/L）		
	萜烯类化合物（Terpenes）	吡嗪类化合物（Pyrazines）	多酚类化合物（Polyphenolic compounds）
中国固态发酵白酒	1900~4 500	500~6 000	NA
葡萄酒	400~800	ND	40~140

就酒体中萜烯类化合物的健康作用而言，白酒明显高于葡萄酒。

萜烯看似一人，实为大家庭。

萜烯类化合物主要来自它们：

Part 2 芳香族化合物

在白酒香味家族里，芳香族化合物占比不高。

但它够香、够敏感、够持久，是提升白酒风味的大杀器。

那么问题来了：

到底啥是芳香族化合物？

白酒中最主要的芳香族化合物包括：

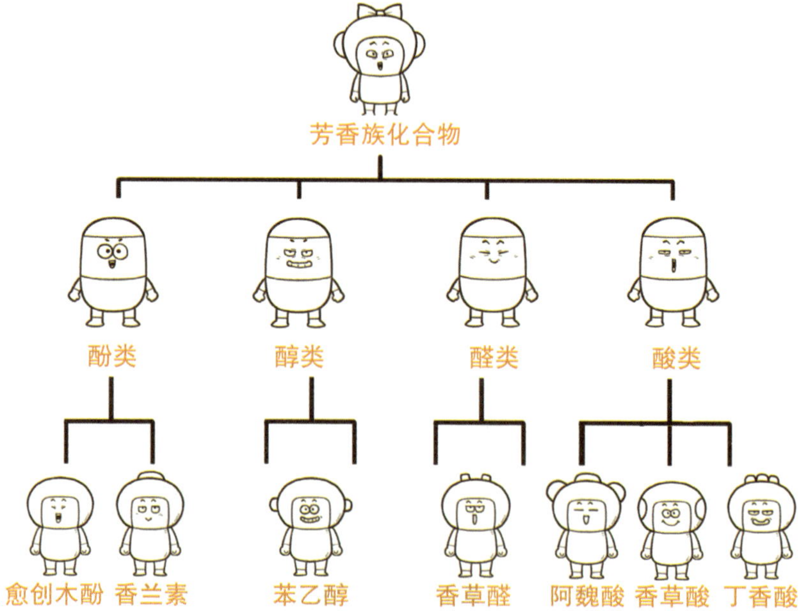

苯乙醇与乙酸乙酯类似，也呈玫瑰香、蜂蜜香。

苯乙醇主要由酵母菌生成，有两种生产模式：

第一种是酵母菌利用苯丙氨酸经过转氨酶、苯丙酮酸脱羧酶和醇脱氢酶作用后生成苯乙醇。

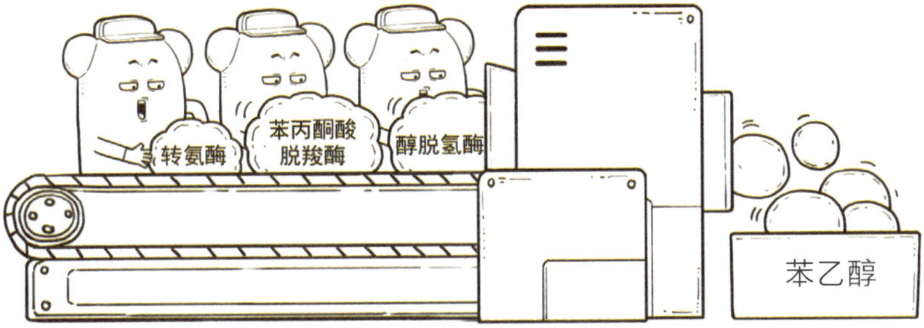

第二种是通过糖代谢。

除了能赋予白酒特殊的香气，芳香族化合物还对人体有好处。比如说酒中的活性物质——阿魏酸。

阿魏是个勤快人，不仅定时帮助皮肤清除自由基，起到健美和保护作用，还具有抗血小板聚集、镇痛、缓解血管痉挛等作用，是心血康、利脉胶囊等药物的基本原料。

再比如，有这样一个组合——4-甲基愈创木酚和4-乙基愈创木酚。

香兰素　4- 甲基愈创木酚　4- 乙基愈创木酚

它们能有效控制细胞内活性氧的增加，缓解氧化应激压力和抗氧化酶的变化。

4-甲基苯酚主要由窖泥中的厌氧微生物产生，酪丁酸梭菌是主要贡献者。

Part 3 甲烷

甲烷，大伙都不陌生。

作为一种清洁能源，甲烷燃烧后产生二氧化碳和水。

有人可能会问：

要弄清这个问题，先要搞明白甲烷是咋产生的。

和所有动物一样，微生物也需要呼吸，其中，产酸细菌在产酸时会释放出氢气，但这时候的窖池已经密封了。

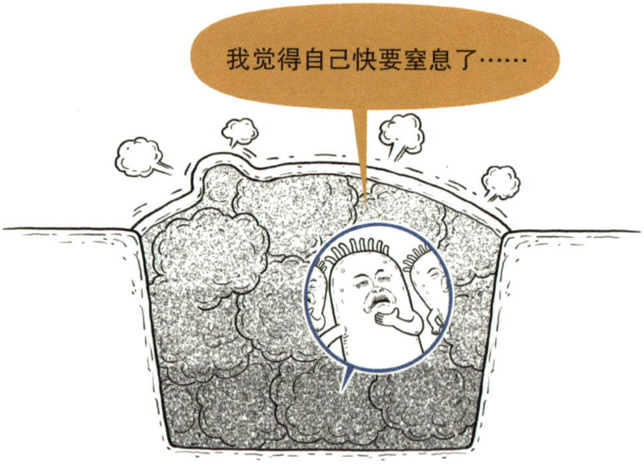

该轮到古菌出马了。

小贴士

古菌可能是最古老的生命体，大多数古菌生活在极端环境，如盐分高的湖泊水中，极热、极酸和绝对厌氧的环境，还有的在极冷的环境中生存。

它们的工作是将氢气和二氧化碳转化成甲烷。

小贴士

目前，已知的全能产甲烷微生物是甲烷八叠球菌。

由于甲烷的体积比氢气和二氧化碳小得多，空间自然就腾出来了。

除了腾出空间，低沸点的甲烷气体还能带走大量热量，不仅抑制杂菌繁殖，而且能提高发酵效率，增加产量和提升酒质。

此外，甲烷可以隔绝氧气，确保产酸菌不被氧气毒害。

值得一提的是，新建的窖池里，几乎没有产甲烷菌。

5 年工龄的窖池才会有产甲烷菌落户。

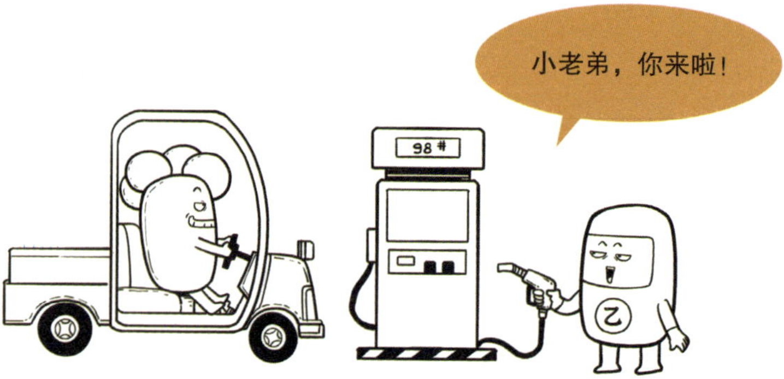

但此时的产甲烷菌，主要依靠消耗乙酸生产出甲烷，最终导致酒中的香气成分——乙酸乙酯受到损失。

但在窖龄 30 年以上的窖池中，情况就不一样了。

因为通过长时间的“培训”，大多数产甲烷菌学会了使用氢气产生甲烷。

这样不仅有利于产酸菌产酸，还不消耗乙酸，所以酿出来的酒在品质上碾压新窖池出品的酒。

百年以上的老窖池，里面的微生物基本趋于稳定，好比一个发展均衡的城市。

Part 4 硫化物

这事儿，想必大伙都遇到过，鸡蛋放久后会有臭味。

原因是蛋清中的半胱氨酸在受热后，会分解成硫化氢。

其实，早在东汉时期，硫化物就被关注了。

小贴士

《神农本草经》记载了46种矿物药品，石硫黄（即硫黄）就在其中。

我们现在用的硫黄药皂，就添加了硫黄成分。它可以抑制细菌生长，起到去屑止痒的作用。

不仅肥皂，生活中很多食品都含硫。

蛋和奶制品	
肉类	
水果类	
蔬菜类	
杂粮类	

白酒中的硫化物，可以通过仪器检测出来，甚至直接品尝出来，通过对硫化物含量的检测可以鉴定出该酒的产出年代和种类。

都有哪些微生物产硫化物呢?

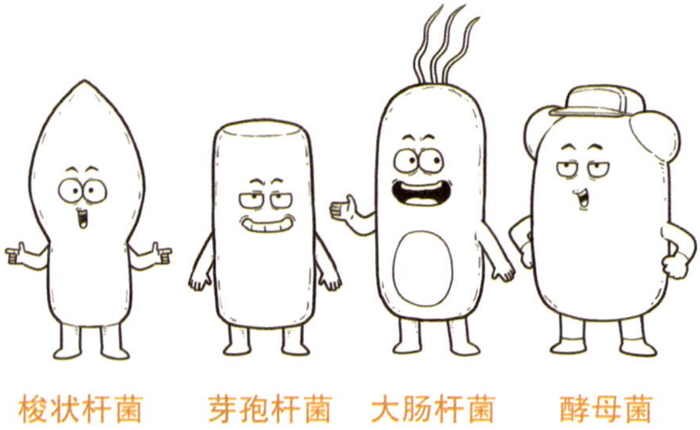

它们能水解含硫氨基酸，随着含硫氨基酸的进一步降解，含硫化合物就被生产出来了。

其中梭状杆菌是生成硫化物臭味能力最强的微生物，酵母菌次之。

一般来说，刚蒸馏出来的白酒中硫化物含量较高。但随着存放时间的延长，硫化物经过一系列物理和化学变化，成为新的物质，从而增加了酒体的芳香。

窖龄老的窖池中，微生物菌群得以进化，酿酒生香的微生物得以富集，数量越来越多，酿造的酒也就愈加浓香！

10

身怀绝技的传世高人

老窖梭菌

红薯，是一种很常见的食物。

你以为红薯是这样的。

其实，它是这样的。

红薯是由主根发育而来的块根，纤维素含量很高。

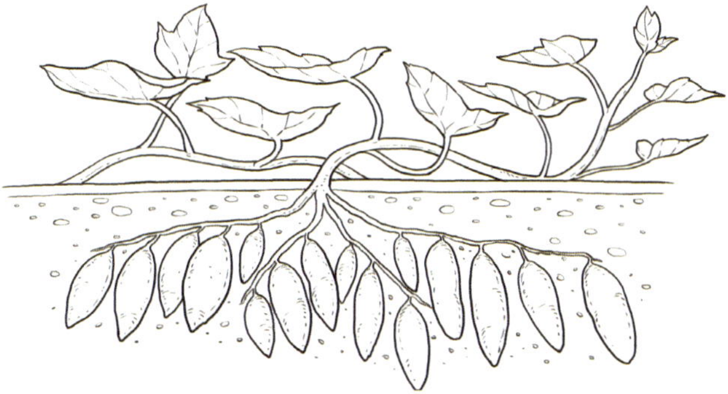

纤维素是一种复杂的碳水化合物，是植物细胞壁的主要成分。人体内没有专门分解纤维素的酶，所以需要借助微生物来完成这一过程。它就是今天的主人翁。

经过梭菌分解的纤维素，更容易被其他微生物利用，从而能够促进肠道蠕动和排空。

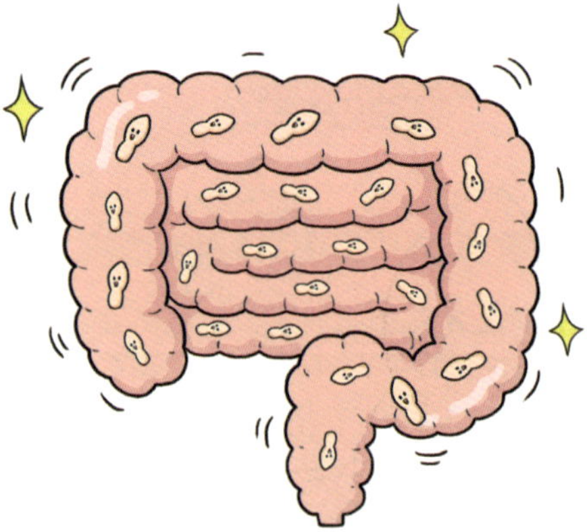

不仅如此，梭菌还可以分泌淀粉酶、糖化酶等酶类物质。

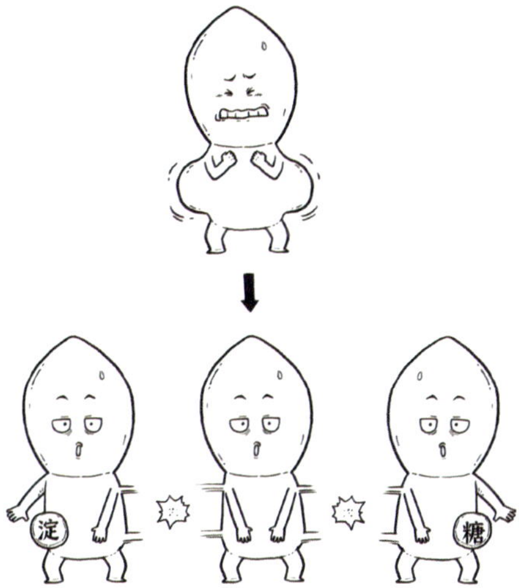

淀粉酶和糖化酶将碳水化合物分解成单糖、双糖等小分子物质，使其更容易被吸收。

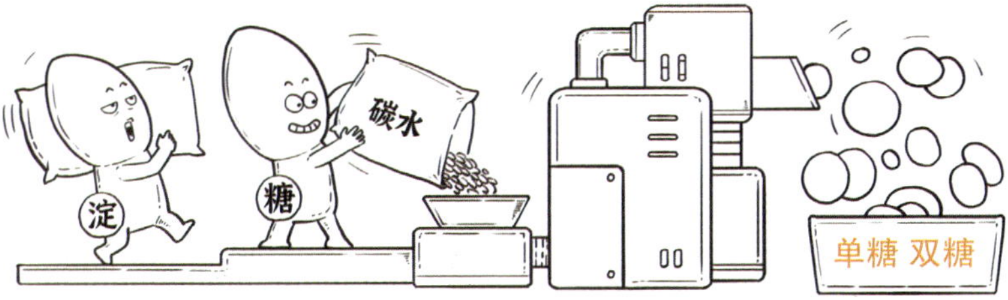

你以为这就完了？更牛的名场面在后头。

梭菌还可以分泌如蛋白酶、脂肪酶等酶类物质。

蛋白酶和脂肪酶可以分别将人体无法直接利用的蛋白质、脂肪分解成小分子氨基酸、脂肪酸等物质，从而为其他微生物提供营养物质。

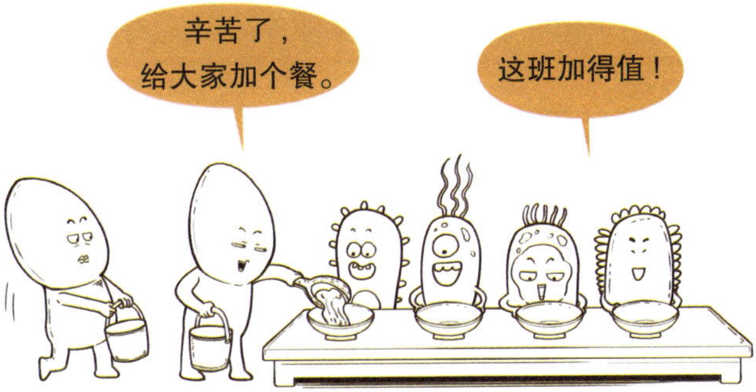

随着科技的进步，梭菌在创造更美好生活方面发挥着越来越多的作用。具体有这样几方面：

土壤的盐碱化治理

用于生物制品和药物

发酵食品

改善水质

2019 年，江南大学与泸州老窖共同开始研究 1573 国宝窖池群中的酿造微生态。

研究团队从不同年代的窖泥中分离了204个纯培养的菌株，发现了一株酿造性能独特的新种。

新种为长杆状，产芽孢后一端呈梭状，梭状就是古代的梭子的形状。

它表面较为光滑，偶尔有零星分散的基质物质；成为菌落之后，主要是淡黄色的，表面皱状。

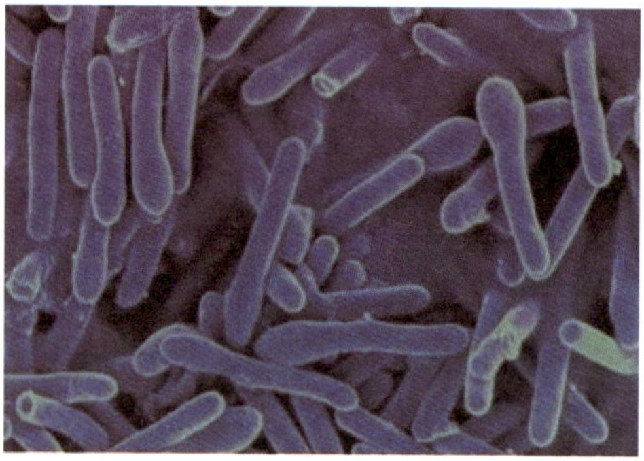

老窖梭菌电镜图

由于这类菌只在泸州老窖的老窖泥中产生，所以被命名为“老窖梭菌”。

通过检测，老窖梭菌全基因组大小为 2.812MB（基因数量为 2 611，GC 含量为 31%）。

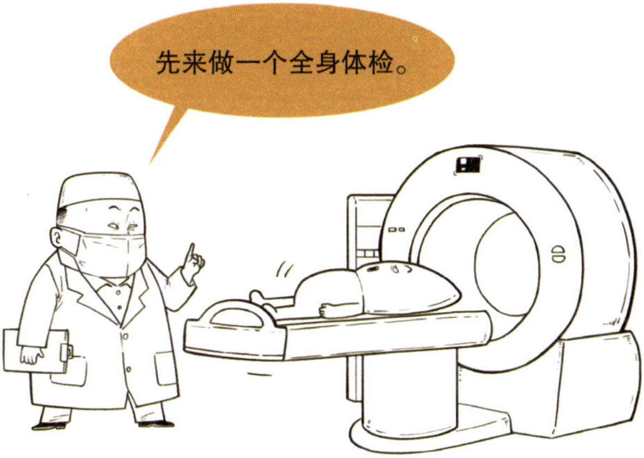

它的基因组圈大概是这样的：

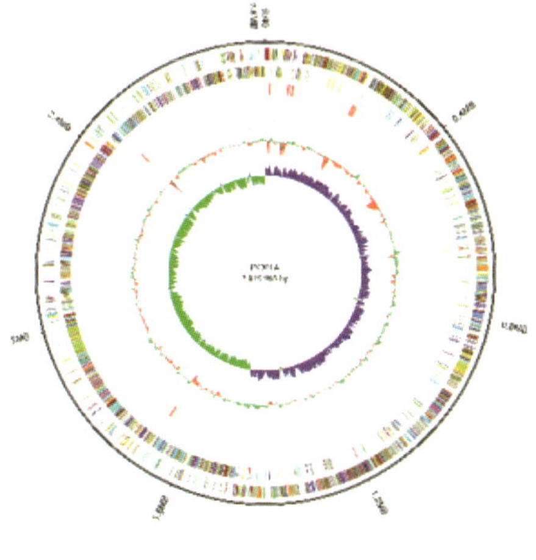

老窖梭菌具有较强的耐酸性和乙醇耐受性，能在酸性和醇性环境中生长。

在厌氧条件下，老窖梭菌与窖泥中的其他微生物共同参与白酒的酿造。

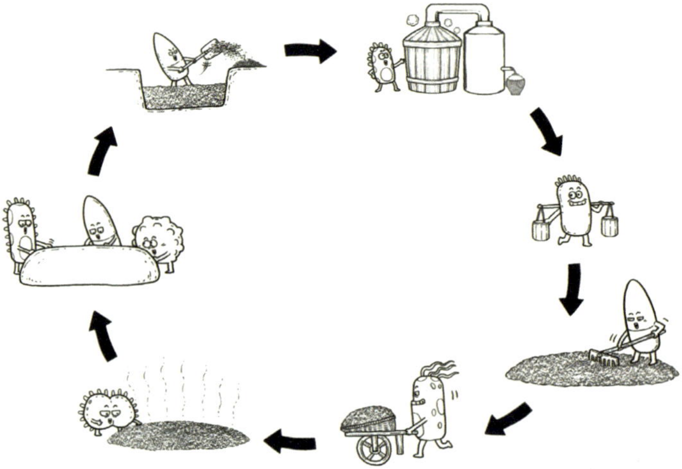

与其他梭菌相比，老窖梭菌有个明显的特点：

说得再具体点，老窖梭菌有三大绝技。

具体都有哪些作用？咱们一个一个来看。

脂肪酶可以促进脂肪的分解和转化，为微生物的生长和繁殖提供必要的营养物质。

蛋白酶则可以促进蛋白质的分解和转化，为微生物的生长和繁殖提供必要的氮源。

淀粉酶可以将淀粉分解成可溶性糖，可用于生成多种短、中链脂肪酸。

浓香型白酒典型风格的形成也有它的一份功劳。

值得一提的是，老窖梭菌还可以抑制其他有害微生物的生长，保证酒的品质和卫生安全。

通过不断的研究和实践，酿酒师傅们逐渐掌握了老窖梭菌的生长规律，通过保护和利用微生物环境，酿出品质更高的美酒。

关于老窖梭菌，今天就讲到这里。

11

从“社恐”到“社牛”

老窖互营球菌

废话少说，咱先来认识一下球菌。

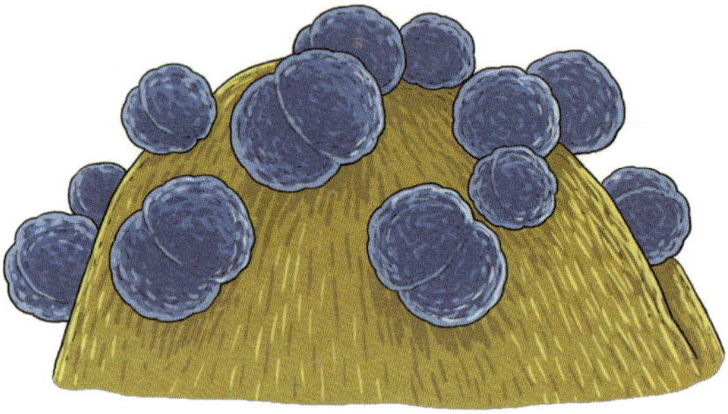

由繁殖时细菌细胞分裂方向和细菌粘连程度及排列方式的不同，可分为：

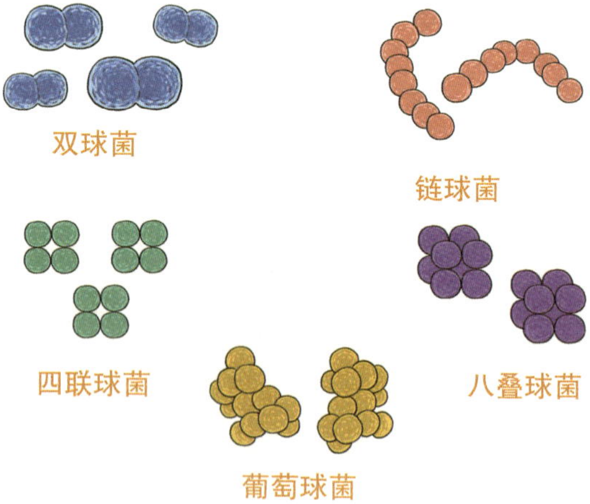

老话说“十步之内必有解药”，意思是在人类生活范围内，一定能找到抑制病毒的物质（解药）和方法。

Part 1 青霉素的发明

青霉素的发现源自一场“意外”。

由于休假，弗莱明匆忙外出，将未清洗的培养皿放在那里。

两个星期后，他回到实验室，发现那些培养皿中长出了金黄色的葡萄球菌。

青绿色菌落附近的葡萄球菌都逐渐地变成半透明状。

最后葡萄球菌完全裂解。

于是，他从培养皿中刮出一点霉菌开始研究。

原来杀死金黄色葡萄球菌的青绿色霉菌正是青霉菌。

为了验证这个发现，弗莱明继续培养青霉菌，并把青霉菌培养液滴到金黄色葡萄球菌中。

最后，奇迹出现了——几小时之内金黄色葡萄球菌全部死亡。

Part 2 老窖互营球菌

什么叫互营呢？

就是我们常说的互惠互利呗！

没错！

好比一对搭子，两者互相照应。

老窖互营球菌是从泸州老窖百年窖泥中分离出来的新种。

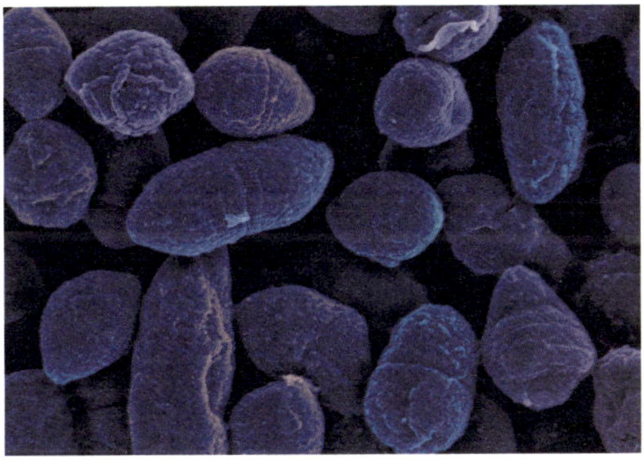

老窖互营球菌电镜图

单个老窖互营球菌边缘圆滑，直径 1~2 mm；两端尖，中部突出像梭子，个头大小为（1.3~2.4）mm ×（0.9~1.9）μm。

它的基因组圈大概是这样的：

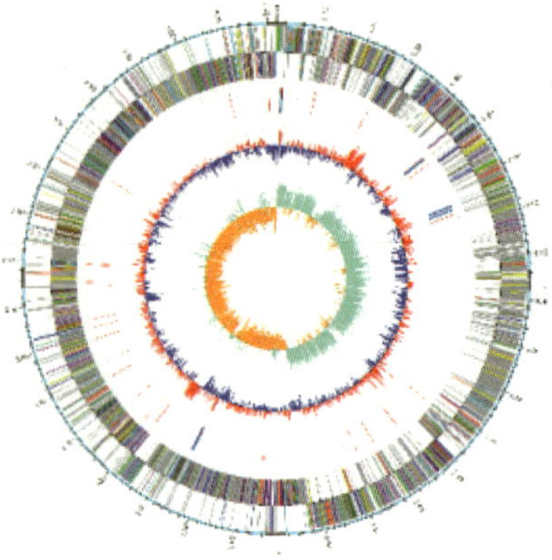

窖泥中的互营球菌和不同微生物之间存在多样的相互作用，因此对于白酒中风味物质的影响也是多样化的。

都有哪些互助作用？

Case 1. 老窖互营球菌与老窖梭菌

在万千微生物中，老窖互营球菌首先和老窖梭菌看对了眼。

它俩咋都处不腻歪，老窖梭菌产生的甲酸能被老窖互营球菌利用，促进乙酸的产生，乙酸又进一步被老窖梭菌利用，从而增加丁酸和乙酸的积累。

值得一提的是，老窖互营球菌对碱性条件的包容度比较高，可在 pH=11 的条件下生长，但不耐酸。

Case 2 老窖互营球菌与嗜酸梭菌

老窖互营球菌与嗜酸梭菌均能产生乙酸，两者在一起时速度明显加快。

老窖互营球菌会抑制嗜酸梭菌的戊酸产出效率。

Case 3 老窖互营球菌与路氏梭菌

两者在共培养时，丁酸和戊酸会增加。

为了产生丁酸和戊酸，老窖互营球菌不惜将自身产生的乙酸输送给路氏梭菌。

这会造成乙酸的总体含量有所下降。

除了酸味物质，老窖互营球菌也能影响老窖中其他风味物质的组成，包括醇、醛、酯等。

所以虽然被叫作“球菌”，但它的出现说明连续使用的窖池越老，参与酿酒生香的微生物越多，白酒的风味物质越丰富，也更有层次！

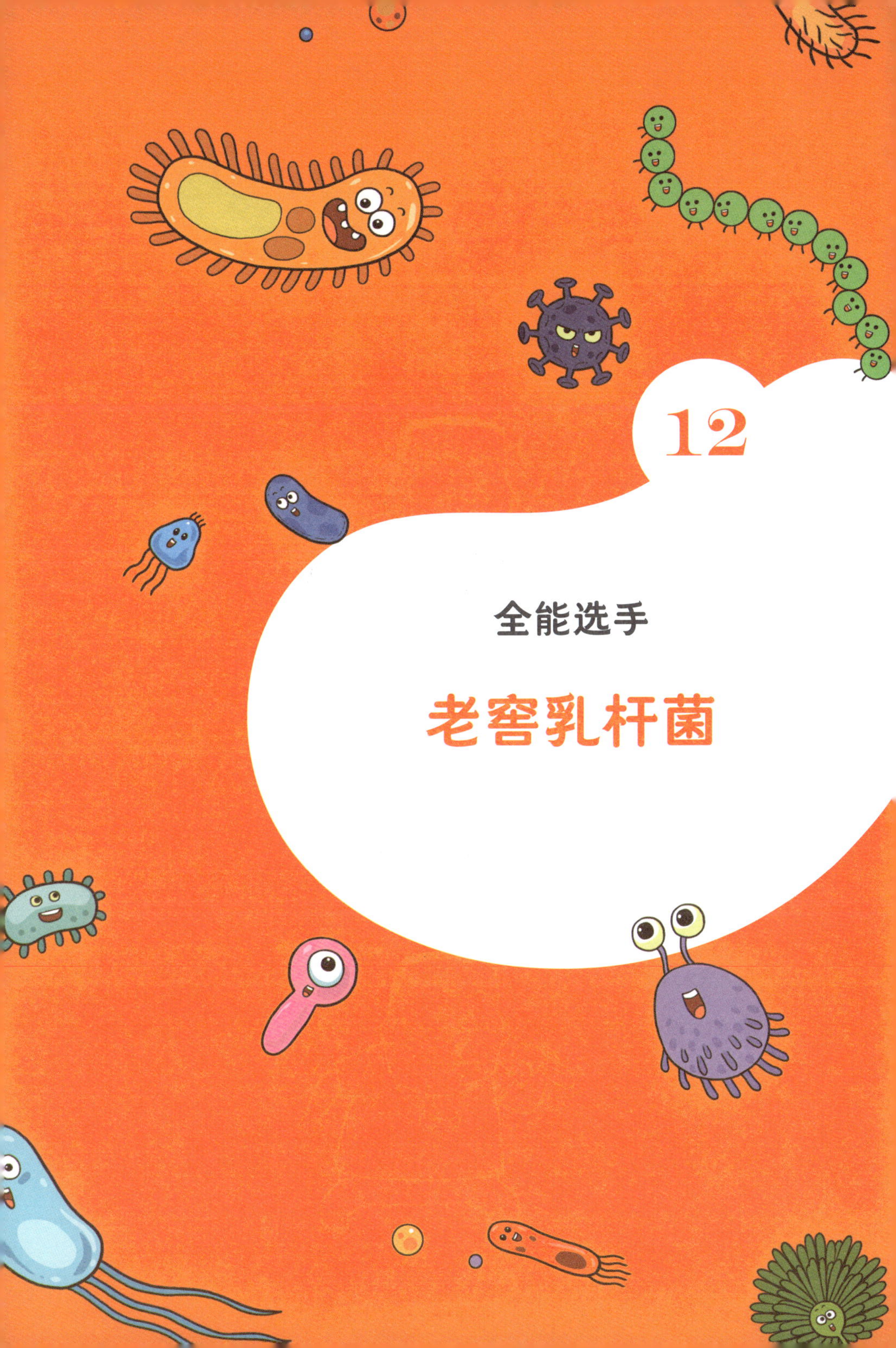

12

全能选手

老窖乳杆菌

说出来你可能不信：

世界上有超过一半的人感染了这样一种病菌。

其患病率在某些人群中高达 80%。

那么问题来了，为啥很多人没有临床症状呢？

有这样三个原因。

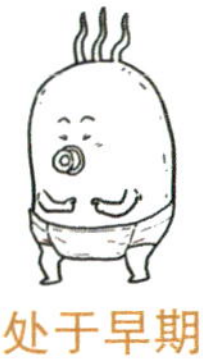

处于早期

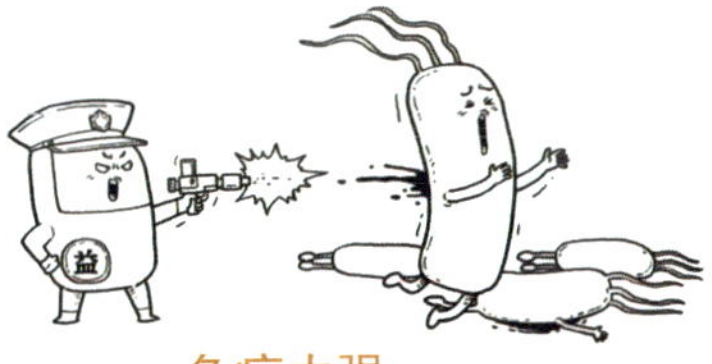

免疫力强

数量少

先别紧张，随着现代卫生环境改善及抗生素的大量使用，幽门螺杆菌感染率逐步下降。

除了幽门螺杆菌，杆菌家族还有一支菌群队伍，在食品、医学方面，默默地对人类做出重要贡献。

好了，今天咱们的话题就是乳杆菌。

Part 1 乳杆菌简史

乳杆菌的发现最早可以追溯到 19 世纪中期。

在这个基础上，后来人陆续发现更多的乳杆菌。

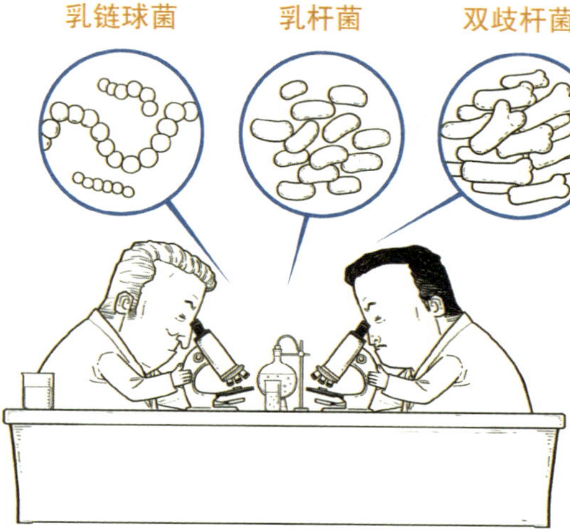

乳杆菌是出了名的有益菌，除了发酵食品，还能抑制有害菌的生长。

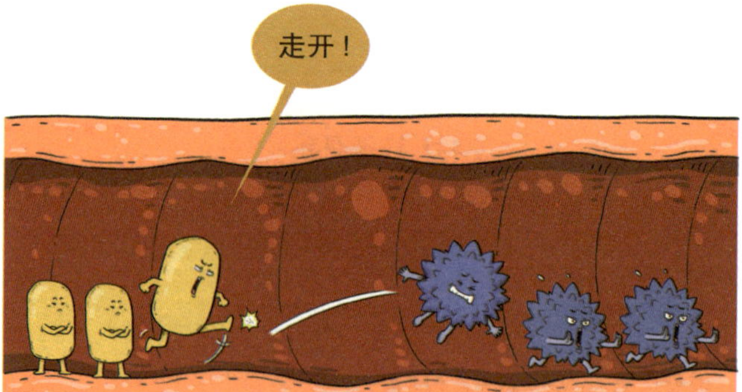

人们通过调节肠道菌群平衡，预防和治疗腹泻、便秘等肠道疾病。

20 世纪初，丹麦生物学家发现了一种新杆菌——干酪乳杆菌。

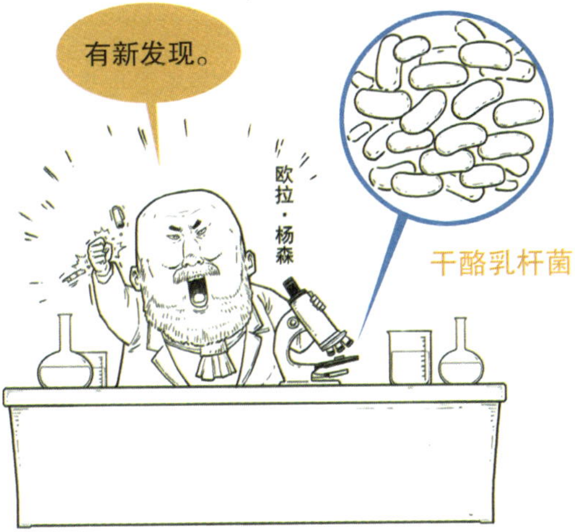

它有啥用呢？直到几十年后才被另一位科学家发现。

他通过对十几个国家的走访研究，发现保加利亚的长寿老人最多，于是，他终于找到了研究课题。

起初，梅契尼可夫只是觉得当地人热情好客。

但随着深入研究，他发现当地人不仅做酸奶，还都有每天喝酸奶的习惯。

他将酸奶中培养出来的微生物命名为“保加利亚乳杆菌”。

为了验证这一理论，他亲身检验。

小贴士

泸州老窖和南京师范大学共同发现了一种德氏乳杆菌保加利亚亚种，保藏编号为CGMCC No.21396。这一亚种具有良好的抗氧化能力，且能够调节肠道菌群，预防或缓解酒精性肝损伤。

Part 2 窖泥中有哪些乳杆菌？

乳杆菌属于细菌的一科，为革兰氏染色阳性、无芽孢杆菌。

乳杆菌在自然界中分布很广，酿酒窖池里有这样几种：

乳酸杆菌

鼠李糖乳杆菌

干酪乳杆菌

乳酸醋杆菌

1. 乳酸杆菌

乳酸杆菌在窖泥中分布很广，在不同位置，分布也有所区别。

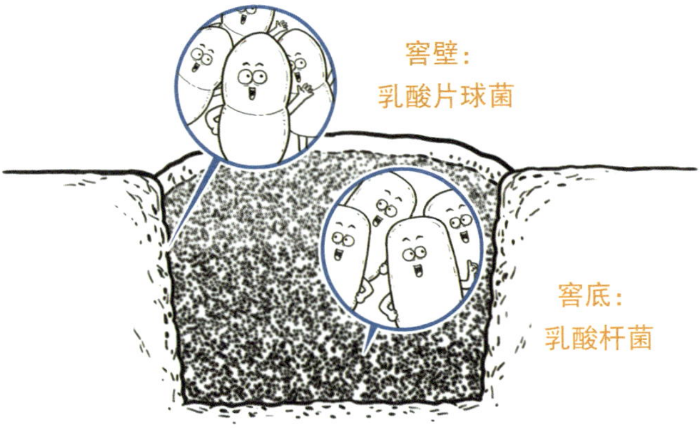

酿酒本领上，主要体现在这样几方面：

乳酸杆菌能耐受低 pH 值环境生长，与丁酸菌、己酸菌、甲烷菌、硫酸盐还原菌、硝酸盐还原菌等菌类共存“共生”，将葡萄糖等糖类物质发酵成乳酸。

发酵而成的乳酸，与乙醇发生酯化反应，生成乳酸乙酯。

小贴士

值得一提的是乳酸含量不宜过高，否则酒的品质会受影响。

有的乳酸杆菌同时还生成少量的乙酸、丙酸、丁酸、丙酮酸等物质，共同调节酒体风味。

此外，乳酸杆菌具有自溶分解出多肽、氨基酸及其他大分子物质的功能，以此来提高白酒口味的丰满性和浓厚感。

当短时间内窖泥中产生大量乳酸，就会形成乳酸铁、乳酸钙等物质，从而使窖泥板结。

另外，这些物质会影响其他功能菌的生长，从而导致窖泥退化。

小贴士

一般情况下，老窖池中的乳酸杆菌的含量往往低于新窖池。

2. 干酪乳杆菌

干酪乳杆菌，在干酪中用得最多！

它也是我国卫健委公布的可用于保健食品与普通食品的益生菌菌种之一。

医学方面，它主要有以下三方面表现。

酿酒方面，它的产乳酸能力突出。

干酪乳杆菌也是生产醇类、酯类、酸类和芳香类化合物的一把好手。

3. 鼠李糖乳杆菌

鼠李糖乳杆菌是母乳喂养的婴儿中最常见的乳杆菌种之一。最开始，它被认定为干酪乳杆菌的一个亚种。

但随着对遗传学的研究，科学家发现它是一个单独的物种。

鼠李糖乳杆菌属于第三代益生菌，是当下全球研究最多的一种益生菌。

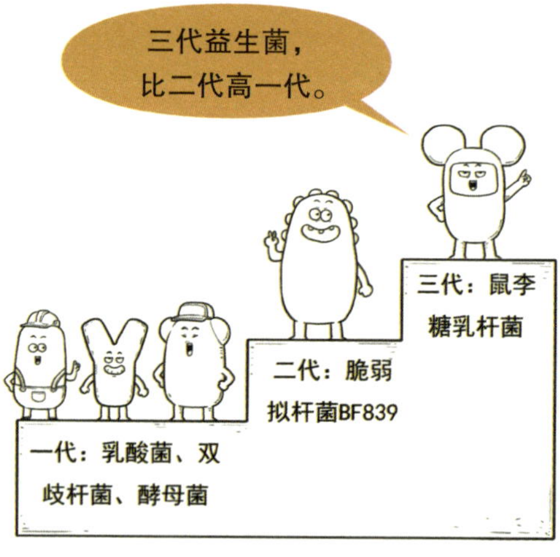

小贴士

超过 800 项科学研究及 160 项临床研究证实，鼠李糖乳杆菌是最安全和最能有效维持消化系统健康和免疫功能的菌种之一。

为啥鼠李糖乳杆菌这么火？

主要集中在它有这六方面优势。

平衡肠道菌群

增强肠黏膜屏障

预防和治疗腹泻

提高免疫力

预防过敏与促进过敏恢复

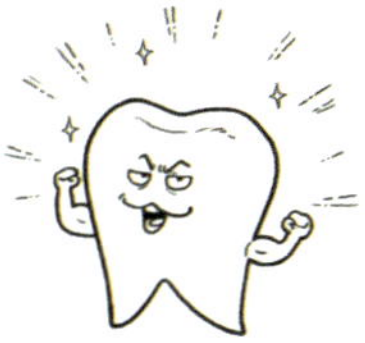
预防龋齿

酿酒方面，它是产醇类、酯类、酮类、吡嗪类、酸类和芳香类化合物的一把好手。

其中有一种物质叫3-羟基-2-丁酮，它具有令人愉快的奶油香味，能增强食物的香气和口感。

重点提一下，鼠李糖乳杆菌还有一个特殊能力。

小贴士

鼠李糖乳杆菌在代谢乙醛时，受乙醇诱导。当乙醇诱导浓度为3%时，乙醛转化率达到40%以上。

换句话说，就是可以帮助解酒哦。

4. 乳酸醋杆菌

乳酸醋杆菌属好氧性细菌，能氧化葡萄糖生成醋酸，是制醋的好帮手。

在酿酒过程中，乳酸醋杆菌参与前期和中期发酵从而产生乙酸。

随着发酵氧气消耗，窖池逐渐处于无氧状态，乳酸醋杆菌被迫“下岗”。

小贴士

如果乳酸醋杆菌含量过多，代谢活动过于活跃，会抑制酵母的生长，造成酒中挥发酸的含量显著升高，使得酒品产生特殊的令人不愉快的酸苦味。

总的来讲，乳酸醋杆菌在酿酒中并不是那么受欢迎。

Part 3 老窖乳杆菌

2022 年，研究人员在泸州老窖连续使用了 400 多年的窖池中发现了一株新物种。

我也来看看！
乳杆菌！

取啥名？
既然是老窖独有的，当然叫“老窖乳杆菌”！

看见没？我跟泸州老窖的关系全体现在名字上了。

老窖乳杆菌，是国家固态酿造工程技术研究中心自 2019 年发布首株以“老窖”命名的新种之后，又一个以“老窖”命名的微生物新种。

老窖乳杆菌是迄今为止已经完成全基因组测序的最小基因组的乳杆菌。

有多小？

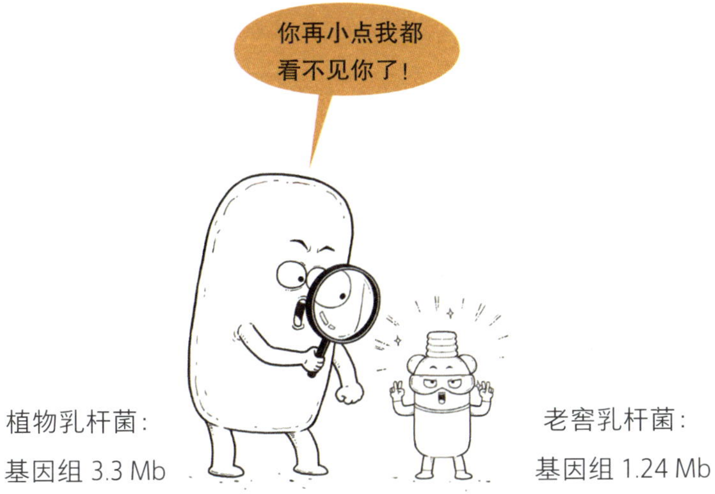

老窖乳杆菌是一种兼性厌氧微生物，能够产生大量的乳酸，提高酒的酸度。

同时它也能抑制有害微生物的生长，提高酒的稳定性。

老窖乳杆菌的发现，其实，证明了一件事：

正是有了这些酿酒微生物的加持，才使得白酒更加浓香。好了，接下来，我们开启一个新的旅程，去了解我们熟悉又陌生的身边微生物，敬请期待《微生物有点意思2》。

参考文献

[1] 梁敏华，赵文红，白卫东，等．白酒酒曲微生物菌群对其风味形成影响研究进展［J］．中国酿造，2023（5）：22-27.

[2] 王柏文，吴群，徐岩，等．中国白酒酒曲微生物组研究进展及趋势［J］．微生物学通报，2021（5）：1737-1746.

[3] 郑自强，卫春会，张立伟，等．中高温大曲中霉菌的分离及其麸曲制备［J］．现代食品科技，2022（1）：165-172.

[4] 李晓楼．微生物及其酿酒应用研究［M］．天津：天津科学技术出版社，2019.

[5] 李静．《齐民要术》酒曲制作技术的传承与发展［J］．酿酒科技，2016（10）：118-121.

[6] 李涛，万自然，刘宇，等．浓香型大曲生产过程中微生物及温度变化规律的研究分析［J］．酿酒科技，2023（2）：53-56.

[7] 成林，成坚，王琴，等．酒曲微生物菌群对酿造酒产品风味影响的研究进展［J］．中国酿造，2020（10）：1-4.

[8] 林秋婷．酒精的“前世今生”［J］．大众科学，2020（4）：46-49.

[9] 罗杰，敖宗华，王松涛，等．浓香型白酒不同类别基酒中杂醇油相关性研究［J］．酿酒科技，2015（1）：43-44.

[10] 汤二将．高级醇毒性效应及其定量构效关系研究［D］．福州：福建师范大学，2013.

后记

从微生物的驯化到人类的酿造自由

一名婴儿自出生起，最开始接触的是咸味，这是来自母乳的味道，其次是甜味，因为甜是人体能量的主要来源，然后开始接触发酵的酸奶、面包等，逐步建立起自己体内的微生物菌群。待到具备一定的年龄和人生阅历时，才会喜欢上茶的苦味和酒的涩味。从接触人生第一口发酵的酸奶，到喜欢上一杯发酵酒的酸甜苦辣咸五味，这个历程也往往意味着一个人从婴儿时期“长大成人”。

按照我们的通常理解，人类首先驯化了植物，促进了农耕文明的形成，如两河流域的古巴比伦文明，其中人类驯化了小麦，从而有了面包和啤酒。其后，驯化了动物，把野兽变成了家畜，这也是人类从游牧文明走向农耕文明的重要标志。比如，汉字的“家”，为什么不是“宀”（“房子”义）里有了“人”，才成了“家”，而是将“豕”（“猪”义）驯化成了家畜，养在了“宀”里，人类

从此不再需要长途迁徙游牧，可以在一个地方长期居住下来，这才算是有了“家”。

但是，今天，我们需要重申一个观点——人类在驯化植物、动物之前，最先其实是驯化了微生物，且时期远远要早于对植物和动物的驯化。微生物在地球上大约生存了38亿年，实际上，当地球生命开始出现，当第一个单细胞微生物开始工作，对某物质（淀粉、糖等）实施了结构改变的时候，从本质上讲，自然界的发酵就产生了。

我们以酒为例，还远在猿猴进化成智人之前，当成熟的水果掉在水洼里，遇到合适的温度、湿度，加上天然酶的作用，就发酵成了酒——这样的事几乎每天都在地球上发生。因此，酒诞生的历史远远早于人类的历史。酒，初为天酿，自然发酯，后为人工改良，曲蘖入酿，提升发酵效率和改善酒的口感风味，乃至后续蒸馏技术的使用，才是人工参与的结果。

“空了酒瓶，始有文明”“吃饭实在是从饮酒中带来的”。我国历史学家吴其昌博士和美国人类学家索罗门·卡茨几乎在同一时期，持有类似这个观点。在人类进入农耕文明以前，谷物类、果实类食材并不是人类的主要食谱，那时，人类尚是以游猎，猎取动物肉类食材为主。肉类食材的生活习性决定了当时的人类并不需要进入农耕文明。然而，此时已经习惯了“饮酒”的人们却不总是能够轻易的获取自然界天然酿造的酒，当天然野生的果子或谷物无法满足酿酒需要的时候，人们才开始有意识地种植粮食。

这或许就是我们认为“不是人类发明了发酵，而是发酵促进了人类文明”的底层逻辑。人类首先驯化了微生物而不自知，主要是

因为微生物个体实在太小，单凭肉眼是观察不到的，直到 1665 年，荷兰人列文虎克制造了世界上第一台光学显微镜，微生物才从 38 亿年的寂静无闻走进了人类的视野。列文虎克也成为微生物学的奠基人。

我们也才开始重新定义“厨神”与“酒神”。那些一直以来未被人类观察到的，隐姓埋名、默默无闻的“微生物”，才是真正的酿酒大师，而历史上的仪狄、杜康等人，不过是这些微生物的驯化师。近代以来，随着显微镜的发明、微生物被“看见”，以及现代微生物学的建立，标志着这种“驯化”从经验主义走向了科学主义，从开盲盒式的酒曲培养，到酿酒微生物的精准识别检测、基因图谱测序，乃至精准人工培养，相应成果被广泛运用于现代酿酒业。

2019 年，经过江南大学、国家固态酿造工程技术研究中心等科研团队的共同努力，在 1573 国宝窖池窖泥中取样研究，截至目前，团队共检测发现并已经识别出微生物菌群共 3 040 个种，分布在 30 个门、53 个纲、287 个属；古菌菌群共 78 个种，分布在 4 个门、5 个纲、17 个属，并把其中新发现的两株新菌株，分别命名为“老窖梭菌”和“老窖互营球菌”。2022 年，研究人员在泸州老窖 450 余年窖龄的窖池中发现了一株乳杆菌新种，定名为“老窖乳杆菌”，这是迄今为止所有已完成全基因组测序的乳杆菌中的最小基因组。

正如方心芳院士所言：“谁要是把泸州老窖老窖池里的微生物研究清楚了，谁就可以得诺贝尔微生物学奖。”或许，我们的研究人员正在接近微生物学研究的象牙塔。这些微生物的遗传谱系是怎样的？尤其是 450 余年老窖池里的酿酒功能微生物有什么作用机理？是“分区共酵，协同产香”？为什么“窖龄老，酒才好”？

随着研究的深入，我们深深地感到，如今要酿出一杯好酒，不仅仅要坚定的传承古法，继承祖先的智慧，更要守正创新，用现代微生物学的科研成果指导生产。同时，我们也有义务把这些默默无闻的“酒神”，介绍给消费者，告诉他们，酿酒是科学的，这些看不见的“酿酒大师”，值得我们的敬畏和尊重，它们才是真正的无名英雄，因此，它们所“酿造”的美酒也才更加值得拥有和珍惜。

为了让消费者轻松阅读，读懂深奥的微生物知识，伙伴们创作起来却并不轻松。在历经两年余的创作过程中，因为涉及很多专业知识，要先形成专业的科普文字稿，再转化为漫画脚本稿，过程中需要对一些深奥的知识做艰难的取舍，并且从读者更容易理解的角度对一些专业术语进行转化表达，然后再请漫画师在此基础上进行漫画创作，将漫画插入文字，排版为图文，最后再三审三校……

在这里，要特别感谢黄和院士，作为生物学领域的研究大家全程领衔指导；感谢朱赢椿老师为微生物们配上“彩装”，让他们看起来更可爱，更惊艳；感谢宋萍教授、孟伶通博士，以及操沁燕、高扬、肖宇阳等同学的精心创作，他们在微生物学专业领域的造诣，是该书科普创作的底气；感谢杨建辉、张岚、付寒等企业文化中心团队成员的共同付出，让这本科普小册子，能如期与读者见面。

李宾

2024 年 11 月 25 日